Emoleila Ejiya Itoandon
Lawrence Adebajo
Samuel Bankole

Tecnologia de enzimas microbianas na segurança alimentar

Emoleila Ejiya Itoandon
Lawrence Adebajo
Samuel Bankole

Tecnologia de enzimas microbianas na segurança alimentar

ScienciaScripts

Imprint

Cover image: www.ingimage.com

This book is a translation from the original published under ISBN 978-620-2-30402-3.

Publisher:
Sciencia Scripts
is a trademark of
Dodo Books Indian Ocean Ltd. and OmniScriptum S.R.L publishing group

120 High Road, East Finchley, London, N2 9ED, United Kingdom
Str. Armeneasca 28/1, office 1, Chisinau MD-2012, Republic of Moldova, Europe
Managing Directors: Ieva Konstantinova, Victoria Ursu
info@omniscriptum.com

Printed at: see last page
ISBN: 978-620-8-59076-5

Resumo

Foi realizada uma investigação sobre as actividades da amilase, celulase e pectinase de espécies de Bacillus e Aspergillus isoladas de amostras de fast food envelhecidas. As amostras recém-preparadas eram de tarte de carne picada, ovo escocês, donuts, salsichas e rolinhos de peixe obtidos em centros de fast food em Ikeja, Lagos, Nigéria. Os isolados de Bacillus foram identificados como *Bacillus subtills, Bacillus pumilus, Bacilus licheniformis, Bacillus polymyxa* e *Bacillus brevis.* Verificou-se que todas as estirpes de bacilos isoladas produziam a enzima amilase. A temperatura e o pH óptimos registados para as actividades de amilase foram de 45°C e 7,0, respetivamente. Os bolores isolados foram identificados como *Aspergillus repens* e *Aspergillus niger.* Verificou-se que estes isolados produziam enzimas de celulose e enzimas de pectinase, respetivamente. A temperatura e o pH óptimos para as actividades de celulase foram registados a 30°C e 5,0, respetivamente, enquanto para as actividades de pectinase a temperatura e o pH óptimos foram registados a 35°C e 6,0, respetivamente.

Palavras-chave: Amilase, Celulase, Pectinase, Actividades, *Bacillus* spp., *Aspergillus* spp., Fast Foods.

Índice

Capítulo 1

1.0 Introdução

A microbiologia alimentar centra-se na relação entre o habitat e a ocorrência de microrganismos, o efeito do ambiente no crescimento de vários microrganismos nos alimentos, a microbiologia da deterioração dos alimentos e do fabrico de alimentos, a destruição física, química e biológica dos microrganismos nos alimentos, o exame microbiológico dos géneros alimentícios e a bacteriologia da saúde pública e do saneamento. A deterioração dos alimentos é um processo metabólico que faz com que os alimentos se tornem indesejáveis ou inaceitáveis para o consumo humano devido a alterações nas caraterísticas sensoriais. Os alimentos deteriorados podem ser seguros para consumo, ou seja, podem não causar doenças porque não existem agentes patogénicos ou toxinas presentes, mas as alterações na textura, cheiro, sabor ou aspeto fazem com que sejam rejeitados. As numerosas fontes de deterioração microbiana provêm de microrganismos indesejáveis, mas omnipresentes, que podem ter origem no solo, na água, no ar, em matérias-primas estragadas, em biofilmes na superfície do equipamento e, claro, na higiene pessoal dos trabalhadores do sector alimentar. A maioria dos alimentos serve como um bom meio de crescimento para muitos microrganismos diferentes. Considerando a variedade de alimentos e os métodos utilizados para o seu processamento, é evidente que praticamente todos os tipos de microrganismos são potenciais contaminantes e podem causar alterações. Os microrganismos estão normalmente presentes nos alimentos e, dependendo das suas caraterísticas e potencial de crescimento, podem desempenhar diferentes papéis: comensais, probióticos, patogénicos, culturas alimentares e deteriorantes. O custo económico real da deterioração dos alimentos é difícil de estimar. Considera-se geralmente que cerca de 30% dos produtos alimentares manufacturados se estragam, sendo a deterioração microbiana dos alimentos a principal causa. A deterioração dos alimentos é um desperdício e é dispendiosa, pode afetar negativamente a economia e pode minar a confiança dos consumidores.

A conformidade dos produtos também significa produtos intactos ao nível do retalhista e durante o seu prazo de validade. Um bom conhecimento das caraterísticas dos produtos alimentares e da sua ecologia microbiana é, por conseguinte, uma prioridade para os operadores do sector alimentar.

1.1 Micróbios comuns que provocam a deterioração dos alimentos

1.1.1 Bactérias do ácido lático (BAL)

As bactérias do ácido lático (*Lactobacillus, Weisella, Leuconostoc, Lactococcus, Pediococcus, Streptococcus, Enterococcus.*) estão amplamente distribuídas em vários nichos ecológicos e são geralmente utilizadas para a atividade metabólica de produção de ácido orgânico em produtos lácteos e em massa fermentada. No entanto, esta atividade pode ser prejudicial (ácido acético, sopro de gás, pós-acidificação) para as matrizes alimentares (por exemplo, queijo processado) ou bebidas (sumos de fruta, cerveja) (Sakamoto e Konings, 2003).

1.1.2 Bactérias do ácido acético

As bactérias do ácido acético (AAB) são organismos ubíquos que estão bem adaptados a ambientes ricos em açúcar e etanol. São reconhecidos doze géneros que pertencem à família *Acetobacteraceae*, a *Alphaproteobacteria: Acetobacter, Gluconobacter, Acidomonas, Gluconacetobacter, Asaia, Kozakia, Swamina - thania, Saccharibacter, Neoasaia, Granulibacter, Tanticharoenia* e *Ameyamaea.*

O isolamento, a purificação, a identificação e a preservação de AAB são muito difíceis (Bartowsky e Henschke, 2008).

1.1.3 Fungos filamentosos e leveduras

Os fungos filamentosos causam o principal aspeto "visual" da deterioração através de um aspeto bolorento e podem, por vezes, ter propriedades toxicogénicas, dependendo da espécie. A deterioração fúngica pode ser caracterizada por um crescimento altamente visível, muitas vezes pigmentado, limo, fermentação de açúcares para formar ácido, gás ou álcool ou odores e sabores estranhos. Embora possam estragar vários tipos de produtos alimentares, são mais frequentemente encontrados em frutas e cereais (Fleet, 2007).

1.2 Factores que interagem com a deterioração microbiana dos alimentos

Há uma variedade de factores que determinam se o crescimento microbiano preserva ou estraga os alimentos. Os parâmetros intrínsecos ou relacionados com os alimentos são inerentes ao produto alimentar; são as caraterísticas químicas e físicas dos alimentos. Os factores externos extrínsecos ou ambientais são as propriedades dos ambientes de armazenamento que afectam tanto os alimentos como os microrganismos. Os factores implícitos são o resultado de interações mútuas em populações microbianas mistas.

Quadro 1: Exemplos de alguns factores que influenciam a deterioração dos alimentos

Intrinsic Factors	Extrinsic Factors	Implicit Factors	Processing Factors
• **Nutrient content.**	• Temperature	• Synergism	• Bactericidal treatment
• **pH**	• Relative Humidity	• Antagonism	• Washing
• **Oxidation - Reduction potential**	• Atmosphere (Carbon dioxide or oxygen)	• Commensalism	• Slicing
• **Water activity**	• Food microbiota	• Growth Rate	• Packaging
• **Antimicrobial constituents and barriers**			• Storage facility.
• **Physical structure of the food**			

1.2.1 Obstáculos ao crescimento em função das propriedades dos alimentos

Na maioria dos alimentos, os factores de conservação funcionam em combinação e desempenham um papel decisivo tanto na qualidade como na segurança microbiana. Estes factores de conservação são designados por obstáculos, e o conceito de efeito de obstáculo foi introduzido no final dos anos 70 como uma ilustração das interações complexas de vários factores inibitórios na conservação dos alimentos.

1.2.2 Previsão do crescimento bacteriano e avaliação do prazo de validade

A modelização preditiva não se refere apenas aos microrganismos patogénicos. Com base na mesma abordagem, os modelos de deterioração microbiana de diferentes alimentos e de deterioração por organismos específicos examinam os efeitos dos factores de conservação para prever o processo de deterioração . Baseados e validados com dados experimentais reais, estes modelos podem fornecer informações úteis para o desenvolvimento e modificação de produtos, estimativas do prazo de validade, requisitos de processamento e programas de garantia de qualidade. A deterioração dos alimentos é um processo complexo que envolve uma variedade de organismos, matrizes alimentares, conservantes e aditivos alimentares. Dependendo do seu objetivo, os modelos são construídos para se centrarem na probabilidade de crescimento/não crescimento, no tempo necessário para iniciar o crescimento, na taxa de crescimento ou na sobrevivência de microrganismos de deterioração sob um determinado conjunto de parâmetros. A inativação e a destruição de micróbios expostos a diferentes conservantes ou técnicas de conservação também podem ser modeladas. No entanto, os modelos não podem incorporar todos os factores que podem afetar o processo de deterioração e os transformadores devem validar os modelos para os seus próprios produtos para ter em conta diferentes variáveis (NACMCF, 2010).

1.3 Deteção de deterioração microbiana

A deterioração microbiana pode ser detectada através de investigações organolépticas, microbiológicas e químicas. As aminas biogénicas provenientes da proteólise da matriz alimentar provocam odores e sabores estranhos típicos que são facilmente reconhecidos pelos consumidores, que consideram um produto alimentar impróprio para consumo. Estas moléculas podem ser um tópico de preocupação de segurança em certos produtos alimentares fermentados (EFSA, 2011). Os alimentos estragados têm geralmente contagens microbianas superiores a 107 UFC/g de um número bastante limitado de espécies (exceto para alimentos fermentados) (Ellis e Goodacre, 2006). Por conseguinte, apenas as investigações qualitativas são geralmente efectuadas em produtos deteriorados. Para avaliar a população de deterioração incipiente antes de esta se tornar organolepticamente detetável, são suficientes os testes microbiológicos convencionais, tais como a contagem total de mesófilos, a contagem termorresistente ou a contagem de leveduras e bolores.

1.3.1 Qual é a diferença entre contaminação alimentar e deterioração alimentar?

A contaminação alimentar pode ser descrita como quando os alimentos estão contaminados com microorganismos ou substâncias e a sua ingestão pode resultar em doenças de origem alimentar. A deterioração alimentar é qualquer alteração indesejável na cor, sabor ou textura naturais dos alimentos, que os torna impróprios para consumo por terem perdido a sua qualidade e valor nutricional. O termo **deterioração por contacto** é utilizado quando a deterioração microbiana é o resultado do contacto direto ou do toque entre o alimento e qualquer superfície contaminada ou suja, como prateleiras, tábuas de preparação de alimentos ou mãos não lavadas. Inclui também o contacto entre alimentos , por exemplo, entre carne cozinhada e carne crua ou entre fruta em decomposição e fruta sã.

1.3.2 Deterioração física

A deterioração física é devida a danos físicos nos alimentos durante a colheita, transformação ou distribuição. Os danos aumentam a probabilidade de deterioração e contaminação química ou microbiana, uma vez que a camada exterior protetora dos alimentos está ferida ou quebrada e os microrganismos podem entrar mais facilmente nos alimentos.

1.3.3 Deterioração química

As reacções químicas nos alimentos são responsáveis pelas alterações na cor e no sabor dos alimentos durante a sua transformação e armazenamento. Os alimentos são de melhor qualidade quando são frescos, mas após a colheita de frutas e vegetais ou o abate de animais, as alterações químicas começam automaticamente nos alimentos e levam à deterioração da sua qualidade. As gorduras decompõem-se e tornam-se rançosas (cheiram mal), e as enzimas que ocorrem naturalmente promovem grandes alterações químicas nos alimentos à medida que envelhecem.

1.3.4 Aspeto dos alimentos estragados

Os alimentos estragados são geralmente mais um problema de aparência do que um problema de causa de doença. Na deterioração alimentar, as alterações na aparência ou textura dos alimentos, tais como a podridão, a maciez e a mudança de cor, sabor ou odor são geralmente óbvias, enquanto que nos alimentos contaminados essas caraterísticas podem não ser notadas. A grande maioria dos microrganismos responsáveis pela deterioração dos alimentos não são patogénicos para os seres humanos. No entanto, deve aconselhar as pessoas da sua comunidade a não comerem alimentos estragados, porque não são nutritivos e podem ficar doentes (provocar vómitos).

1.3.5 Deterioração enzimática (autólise)

Todos os organismos vivos utilizam proteínas especializadas chamadas **enzimas** para conduzir as reacções químicas nas suas células. Após a morte, as enzimas desempenham um papel na decomposição de tecidos outrora vivos, num processo chamado **autólise** (auto-destruição) ou **deterioração enzimática**. Por exemplo, algumas enzimas de um tomate ajudam-no a amadurecer, mas outras enzimas fazem com que se decomponha. Uma vez iniciada a deterioração enzimática, esta produz danos na pele do tomate, pelo que os bolores podem começar a atacá-la também, acelerando o processo de deterioração. Quando as células de frutas e legumes como a maçã, a batata, a banana e o abacate são cortadas e expostas ao ar, as enzimas presentes nas células provocam uma reação química na qual os compostos incolores se convertem em compostos de cor castanha.

A isto chama-se **escurecimento enzimático**. Se o alimento for cozinhado muito pouco tempo depois de cortado, as enzimas são destruídas pelo calor e o escurecimento não ocorre. Por exemplo, as maçãs são propensas a descoloração se forem cortadas cruas, mas quando cozinhadas não ficam castanhas.

1.4 Algumas enzimas microbianas associadas à deterioração dos alimentos

As enzimas são catalisadores biológicos que constituem uma componente indispensável das reacções biológicas. A utilização de catalisadores químicos foi seguida durante muito tempo. A catálise química, embora amplamente utilizada, era muito complicada. As desvantagens que este método apresenta incluem a necessidade de temperaturas e pressões elevadas para a catálise e a especificidade moderada. Estas limitações foram ultrapassadas com a utilização de enzimas. As enzimas funcionam em condições mais suaves quando comparadas com as exigidas pelos catalisadores químicos para o seu funcionamento. Além disso, as enzimas são altamente específicas e catalisam as reacções mais rapidamente do que os catalisadores químicos (Henrissat et al., 1998). As enzimas são atualmente utilizadas em vários sectores da indústria. São utilizadas em detergentes, na indústria do papel, na indústria têxtil, na indústria alimentar e em muitas outras aplicações industriais. As enzimas têm sido utilizadas desde a antiguidade (Kubicek, 1993) e têm sido utilizadas na sacarificação do amido, na produção de bebidas como a cerveja, no tratamento de perturbações digestivas e na produção de queijo a partir do leite (Sang e Koo, 2001).

1.4.1 Amilases, suas funções e aplicações

Entre as muitas enzimas que são amplamente utilizadas, a α-amilase tem tido uma procura crescente devido ao seu papel crucial na hidrólise do amido e às aplicações desta ação hidrolítica. As secções seguintes descrevem os tipos de amilases e os seus papéis nas reacções enzimáticas.

1.4.2 α-Amilase

A α-amilase (E.C.3.2.1.1) é uma enzima hidrolase que catalisa a hidrólise das ligações α-1, 4-glicosídicas internas do amido para produzir produtos como a glucose e a maltose. Trata-se de uma metaloenzima de cálcio, ou seja, depende da presença de um co-fator metálico para a sua atividade (Prasad, 2011). Existem dois tipos de hidrolases:

endohidrolase e exohidrolase.

As endo-hidrolases actuam no interior da molécula do substrato, enquanto as exohidrolases actuam nas extremidades terminais não redutoras (Gupta et al., 2003). Por conseguinte, os resíduos terminais de glucose e as ligações α-1,6 não podem ser clivados pela α-amilase. O substrato sobre o qual a α-amilase actua é o amido. O amido é um polissacárido composto por dois tipos de polímeros: a amilose e a amilopectina. A amilose constitui 20-25% da molécula de amido. É uma cadeia linear constituída por unidades repetitivas de glucose ligadas por ligações α-1,4-glicosídicas. A amilopectina constitui 75-80% do amido e é caracterizada por cadeias ramificadas de unidades de glucose. As unidades lineares sucessivas de glucose estão ligadas por ligações α-1,4-glicosídicas, enquanto a ramificação ocorre a cada 15-45 unidades de glucose, onde estão presentes ligações α-1,6-glicosídicas. A composição do hidrolisado obtido após a hidrólise do amido é altamente dependente do efeito da temperatura, das condições de hidrólise e da origem da enzima. O pH ótimo para a atividade é de 7,0 (Souza, 2010). A α-amilase tornou-se uma enzima de importância crucial devido à sua atividade de hidrólise do amido e às actividades que podem ser realizadas devido à hidrólise. Uma dessas actividades é a produção de xarope de glucose e frutose a partir do amido. A α-amilase catalisa o primeiro passo deste processo. Anteriormente, o amido era hidrolisado em glucose por hidrólise ácida. Mas este método tem inconvenientes, como o facto de as condições de funcionamento serem de natureza altamente ácida e as temperaturas elevadas.

1.4.3 β Amilase

A β-amilase (EC 3.2.1.2) é uma enzima exo-hidrolase que actua a partir da extremidade não redutora de uma cadeia polissacarídica através da hidrólise de ligações α-1,4-glucano para produzir unidades sucessivas de maltose. Uma vez que não é capaz de clivar ligações ramificadas em polissacáridos ramificados como o glicogénio ou a amilopectina, a hidrólise é incompleta e permanecem unidades de dextrina. As fontes primárias de β-Amilase são as sementes de plantas superiores e a batata-doce. Durante o amadurecimento dos frutos, a β-Amilase decompõe o amido em maltose, resultando na doçura dos frutos maduros. O pH ótimo da enzima varia entre 4,0 e 5,5. A β-amilase pode ser utilizada para diferentes aplicações, tanto na investigação como na indústria. Pode ser utilizada para estudos estruturais de moléculas de amido e glicogénio produzidas por vários métodos. Na indústria, é utilizada para a fermentação na indústria da cerveja e da destilação. Além disso, é utilizado para produzir xaropes com elevado teor de maltose (Das et al., 2011).

1.4.4 γ Amilase

A γ amilase (EC 3.2.1.3) cliva as ligações glicosídicas α(1-6), para além de clivar as últimas ligações glicosídicas α(1-4) na extremidade não redutora da amilose e da amilopectina, ao contrário das outras formas de amilase, produzindo glucose. A γ amilase é mais eficiente em ambientes ácidos e tem um pH ótimo de 3 (Sivaramakrishnan et al., 2006).

1.4.5 Produção de amilase

A amilase pode ser isolada de plantas, animais ou microrganismos. A enzima foi isolada de diferentes resíduos agrícolas, como a cevada e o arroz, entre outros, com propriedades amiláceas (Oboh, 2005). Verificou-se que a água residual do puré de mandioca é uma fonte de amilase que é ativa numa vasta gama de pH e temperatura (Pandey et al., 2000). No passado recente, tem havido uma investigação alargada sobre a produção microbiana de amilase. Há duas razões principais para o interesse crescente em fontes microbianas: 1). o crescimento dos microrganismos é rápido, o que, por sua vez, acelera a produção de enzimas. Os microrganismos são fáceis de manusear quando comparados com animais e plantas. Requerem menos espaço e são fontes mais económicas. 2) Os microrganismos podem ser facilmente manipulados através da engenharia genética ou de outros meios.

Podem ser sujeitos a melhoramento de estirpes, mutações e outras alterações semelhantes, através das quais a produção de amilase pode ser optimizada. Além disso, os microrganismos podem ser adaptados para satisfazer as necessidades das indústrias em crescimento e para obter enzimas com as caraterísticas desejadas, como a termoestabilidade. As amilases termoestáveis são desejadas porque minimizam o risco de contaminação e reduzem o tempo de reação, poupando assim uma quantidade considerável de energia. Além disso, quando a hidrólise é efectuada a temperaturas mais elevadas, a polimerização da D-glucose em iso-maltose é minimizada (Konsoula e Liakopoulou, 2007). A amilase é produzida por várias bactérias, fungos e espécies de micróbios geneticamente modificados. A fonte mais utilizada entre as espécies bacterianas é o *Bacillus* spp. *B. amyloliquefaciens* e *B. licheniformis* são amplamente utilizados para a produção comercial da enzima. Outras espécies que têm sido exploradas para a produção da enzima incluem *B. cereus* e *B. subtilis*, para citar algumas. As enzimas produzidas por alguns microrganismos halófilos são estáveis a elevadas salinidades e, por conseguinte, podem ser utilizadas em muitos processos industriais difíceis em que são utilizadas soluções salinas concentradas (Souza, 2010). A natureza halofílica da enzima evita a inibição da sua atividade nestas condições, o que de outra forma ocorreria se fosse utilizada uma enzima normal. Além disso, a maioria das enzimas halobacterianas são consideravelmente tolerantes a temperaturas elevadas e permanecem estáveis à temperatura ambiente durante longos períodos (Souza, 2010). Encontram-se tipos de amilases em todos os reinos animal, vegetal e microbiano. Estas amilases evoluíram ao longo de diferentes vias para permitir que o organismo converta o amido insolúvel (ou glicogénio) em dextrinas e açúcares de baixo peso molecular e solúveis em água. As alfa-amilases são dextrinogénicas e podem atacar o interior das moléculas de amido. Os produtos mantêm a configuração alfa-anómica. As beta amilases actuam apenas nas extremidades da cadeia não redutora e libertam apenas beta maltose.

Tanto as alfa como as beta amilases apresentam um ataque múltiplo (repetitivo), ou seja, após a clivagem catalítica inicial, a enzima pode permanecer ligada ao substrato e levar a várias outras clivagens antes da dissociação do complexo enzima-substrato. As amilases têm sítios de ligação ao substrato alargados, na ordem das 4-9 unidades de glucose. Este facto permite que a enzima exerça tensão sobre o substrato e reduza a energia de ativação para a hidrólise. Do mesmo modo, a enzima exerce uma torção sobre a unidade de glucose no local catalítico, induzindo uma conformação de estado de transição (ião oxicarbono). As alfa e as beta amilases diferem na hidratação estereoespecífica do ião oxicarbono, na sequência de libertação do produto da mão direita em relação ao produto da mão esquerda e na direção do movimento do substrato retido para dar um ataque múltiplo.

1.4.6 A importância da amilase

i. A amilase refere-se a um grupo de enzimas cuja função catalítica consiste em hidrolisar (decompor) o açúcar e o amido.

ii. A amilase digere os hidratos de carbono (polissacáridos) em unidades dissacáridas mais pequenas, convertendo-as eventualmente em monossacáridos, como a glicose. As pessoas com intolerância à gordura (não conseguem digerir gorduras) comem frequentemente açúcar e hidratos de carbono para compensar a falta de gordura na sua dieta. Se a sua dieta for excessiva em hidratos de carbono, podem desenvolver uma deficiência de amilase.

iii. A amilase digere não só os hidratos de carbono, mas também os glóbulos brancos mortos (pus). Por exemplo, quando o nível de amilase é baixo, é um candidato a abcessos (áreas inflamadas com pus, mas sem bactérias). Se tem uma dor de dentes e está a ser tratado com antibióticos, mas a dor não desaparece, é provável que tenha um abcesso.

iv. A amilase está envolvida em reacções anti-inflamatórias, tais como as causadas pela libertação de histamina e substâncias semelhantes. A resposta inflamatória ocorre geralmente em órgãos que estão em contacto com o mundo exterior, ou seja, os pulmões e a pele. Estes incluem problemas de pele como a psoríase, eczema, urticária, picadas de insectos, picadas alérgicas de abelhas e insectos, dermatite atópica e todos os tipos de herpes. Alguns problemas pulmonares, incluindo a asma e o enfisema, podem necessitar de amilase e de outras fórmulas enzimáticas, consoante a doença em causa.

1.4.7 Celulases, sua função e aplicação

A conversão biotecnológica da biomassa celulósica é uma abordagem potencialmente sustentável para desenvolver novos bioprocessos e produtos. As celulases microbianas tornaram-se os principais biocatalisadores devido à sua natureza complexa e às suas vastas aplicações industriais. As celulases são compostas por unidades discretas que se dobram de forma independente, estrutural e funcionalmente , designadas domínios ou módulos, que constituem o módulo das celulases (Henrissat et al., 1998). As celulases são enzimas induzíveis sintetizadas por uma grande diversidade de microrganismos, incluindo fungos e bactérias, durante o seu crescimento em materiais celulósicos (Kubicek, 1993). Estes microrganismos podem ser aeróbios, anaeróbios, mesófilos ou termófilos. Entre eles, os géneros de Clostridium, Cellulomonas, Thermomonospora, Trichoderma e Aspergillus são os produtores de celulase mais extensivamente estudados (Sun e Cheng, 2002; Sukumaran et al., 2005; Kuhad et al., 2010). Estruturalmente, as celulases fúngicas são mais simples do que os sistemas de celulase bacteriana, os celulossomas (Percival et al., 2006; Carvalno et al., 2003). Mecanisticamente, a celulase é uma família de pelo menos 3 grupos de enzimas, endo-(1,4)-β-D-glucanase (EC 3.2.1.4) exo-(1,4)- β-D-glucanase (EC 3.2.1.91) e β-glucosidases (EC 3.2.1.21). A exoglucanase (CBH) actua nas extremidades da cadeia de celulose e liberta β-celobiose como produto final; a endoglucanase (EG) ataca aleatoriamente as ligações O-glicosídicas internas, resultando em cadeias de glucano de diferentes comprimentos; e as β-glicosidases actuam especificamente nos dissacáridos de β-celobiose e produzem glucose (Bayer et al,

2004). Embora o mecanismo de degradação da celulose por bactérias aeróbias seja semelhante ao dos fungos aeróbicos, é evidente que as bactérias anaeróbias operam num sistema diferente (Percival eta l., 2006; Carvalno et al., 2003). Os celulossomas localizados na superfície celular medeiam a adesão das bactérias celulolíticas anaeróbias ao substrato, que depois sofrem uma reorganização supramolecular, de modo a que as subunidades celulósicas se redistribuam para interagir com os diferentes substratos alvo (Bayer et al., 2004). As celulases estão disponíveis comercialmente há mais de 30 anos e estas enzimas têm representado um alvo tanto para a investigação académica como para a investigação industrial (Singh et al., 2007).

Quadro 2: Exemplos de microrganismos produtores de celulase

Fungi	Soft rot fungi *Aspergillus niger; A. nidulans; A. oryzae; A. terreus; Fusarium solani; F. oxysporum; Humicola insolens; H. grisea; Melanocarpus albomyces; Penicillium brasilianum; P. occitanis; P. decumbans; Trichoderma reesei; T. longibrachiatum; T. harzianum; Chaetomium cellulyticum; C. thermophilum; Neurospora crassa; P. fumigosum; Thermoascus aurantiacus; Mucor circinelloides; P. janthinellum; Paecilomyces inflatus; P. echinulatum; Trichoderma atroviride* Brown rot fungi *Coniophora puteana; Lanzites trabeum; Poria placenta; Tyromyces palustris; Fomitopsis sp.* White rot fungi *Phanerochaete chrysosporium; Sporotrichum thermophile; Trametes versicolor; Agaricus arvensis; Pleurotus ostreatus; Phlebia gigantea*
Bacteria	Aerobic bacteria *Acinetobacter junii; A. amitratus; Acidothermus cellulolyticus; Anoxybacillus sp.; Bacillus subtilis; B. pumilus; B. amyloliquefaciens; B. licheniformis; B. circulan; B. flexus; Bacteriodes sp.; Cellulomonas biazotea; Cellvibrio gilvus; Eubacterium cellulosolvens; Geobacillus sp.; Microbispora bispora; Paenibacillus curdlanolyticus; Pseudomonas cellulosa; Salinivibrio sp.; Rhodothermus marinus* Anaerobic bacteria *Acetivibrio cellulolyticus; Butyrivibrio fibrisolvens; Clostridium thermocellum; C. cellulolyticum; C. acetobutylium; C. papyrosolvens; Fibrobacter succinogenes; Ruminococcus albus*
Actinomycetes	*Cellulomonas fimi; C. bioazotea; C. uda; Streptomyces drozdowiczii; S. lividans; Thermomonospora fusca; T. curvata*

1.4.9 Aplicações das celulases

Quadro 3: Aplicação industrial da celulase

Industry	Applications
Agriculture	Plant pathogen and disease control; generation of plant and fungal protoplasts; enhanced seed germination and improved root system; enhanced plant growth and flowering; improved soil quality; reduced dependence on mineral fertilizers
Bioconversion	Conversion of cellulosic materials to ethanol, other solvents, organic acids and single cell protein, and lipids; production of energy-rich animal feed; improved nutritional quality of animal feed; improved ruminant performance; improved feed digestion and absorption; preservation of high quality fodder
Detergents	Cellulase-based detergents; superior cleaning action without damaging fibers; improved color brightness and dirt removal; remove of rough protuberances in cotton fabrics; antiredeposition of ink particles
Fermentation	Improved malting and mashing; improved pressing and color extraction of grapes; improved aroma of wines; improved primary fermentation and quality of beer; improved viscosity and filterability of wort; improved must clarification in wine production; improved filtration rate and wine stability
Food	Release of the antioxidants from fruit and vegetable pomace; improvement of yields in starch and protein extraction; improved maceration, pressing, and color extraction of fruits and vegetables; clarification of fruit juices; improved texture and quality of bakery products; improved viscosity fruit purees; improved texture, flavor, aroma, and volatile properties of fruits and vegetables; controlled bitterness of citrus fruits
Pulp and Paper	Coadditive in pulp bleaching; biomechanical pulping; improved draining; enzymatic deinking; reduced energy requirement; reduced chlorine requirement; improved fiber brightness, strength properties, and pulp freeness and cleanliness; improved drainage in paper mills; production of biodegradable cardboard, paper towels, and sanitary paper
Textile	Biostoning of jeans; biopolishing of textile fibers; improved fabrics quality; improved absorbance property of fibers; softening of garments; improved stability of cellulosic fabrics; removal of excess dye from fabrics; restoration of colour brightness
Others	Improved carotenoids extraction; improved oxidation and colour stability of carotenoids; improved olive oil extraction; improved malaxation of olive paste; improved quality of olive oil; reduced risk of biomass waste; production of hybrid molecules; production of designer cellulosomes

1.5 Indústria da pasta de papel e do papel.

O interesse na aplicação de celulases na indústria da pasta e do papel aumentou consideravelmente durante a última década. Os processos mecânicos de polpação, tais como a refinação e a moagem da matéria-prima lenhosa, conduzem a polpas com elevado teor de finos, volume e rigidez. Em contraste, a polpação biomecânica usando celulases resultou em economias substanciais de energia (20-40%) durante a refinação e melhorias nas propriedades de resistência da folha de mão (Bhat, 2000). Misturas de celulases (endoglucanases I e II) e hemicelulases também têm sido utilizadas para a biomodificação das propriedades das fibras com o objetivo de melhorar a drenagem e a capacidade de batimento nas fábricas de papel antes ou depois do batimento da pasta (Dienes et al., 2004). Enquanto as endoglucanases têm a capacidade de diminuir a viscosidade da pasta com um menor grau de hidrólise (Chander et al., 2010), as celulases também foram relatadas para melhorar a capacidade de branqueamento da pasta kraft de madeira macia, produzindo uma pontuação final de brilho comparável à do tratamento com xilanase. As celulases isoladas, ou utilizadas em combinação com xilanases, são benéficas para a destintagem de diferentes tipos de resíduos de papel. A maioria das aplicações propostas até à data utiliza celulases e hemicelulases para a libertação de tinta da superfície da fibra através da hidrólise parcial de moléculas de hidratos de carbono (Chander et al., 2010). Postulou-se que as melhorias na desidratação e no destintagem de várias polpas resultam na descamação das fibrilas e feixes individuais, que têm alta afinidade com a água circundante e as partículas de tinta. As principais vantagens do destintamento enzimático são a redução ou eliminação do uso de álcalis, a melhoria do brilho das fibras, o aumento das propriedades de resistência, a maior liberdade e limpeza da polpa e a redução de partículas finas na polpa (Kuhad et al., 2010). O tratamento enzimático também desestabiliza os extractivos lipofílicos nos filtrados e facilita a sua fixação às fibras de polpa termomecânica. Estas enzimas são também utilizadas na preparação de cartão facilmente biodegradável (Buchert et al., 1995), no fabrico de papel macio, incluindo toalhas de papel e papel higiénico (Hsu e Lakhani, 2002), e na remoção de papel aderente (Sharp et al., 1998).

1.5.1 Indústria têxtil.

As celulases são as enzimas mais bem sucedidas utilizadas no processamento húmido de têxteis, especialmente no acabamento de têxteis à base de celulose, com o objetivo de melhorar a mão e o aspeto. A lavagem tradicional de calças de ganga com pedra envolve a remoção mediada por amilase do revestimento de amido (dessecação) e o tratamento (abrasão) das calças de ganga com pedra-pomes (12 kg/par de calças de ganga) em grandes máquinas de lavar. As celulases têm sido utilizadas com sucesso para o biostoning de calças de ganga e para o biopolimento de algodão e outros tecidos celulósicos. Durante o processo de biostoning, as celulases actuam no tecido de algodão e quebram as pequenas extremidades das fibras na superfície do fio, soltando assim o corante, que é facilmente removido por abrasão mecânica no ciclo de lavagem.

As vantagens da substituição das pedras-pomes por um tratamento à base de celulose incluem menos danos nas fibras, aumento da produtividade das máquinas, menos trabalho intensivo e proteção do ambiente (Sukumaran et al., 2005; Calaete et al., 1998). O biopolimento é normalmente efectuado durante as fases de processamento a húmido, que incluem a desengomagem, a lavagem, o branqueamento, o tingimento e o acabamento. As celulases ácidas melhoram a suavidade e a propriedade de absorção de água das fibras, reduzem fortemente a tendência para a formação de pílulas e proporcionam uma estrutura de superfície mais limpa com menos penugem (Ibrahim et al., 2011). A utilização de celulases pode remover estas microfibrilhas e restaurar uma superfície lisa e a cor original das peças de vestuário (Hebeish e Ibraham, 2007). A utilização de celulase também ajuda a amaciar as peças de vestuário e a remover as partículas de sujidade presas na rede de microfibrilhas. Curiosamente, existem vários relatórios em que o desempenho das preparações de celulase total era bastante diferente do da enzima rica em atividade endoglucanase, e em que esta última oferecia um melhor desempenho em aplicações em que as perdas de resistência e peso do tecido eram mínimas. Os efeitos de depilação/limpeza e/ou envelhecimento são o resultado da ação sinérgica das celulases e da ação mecânica, simultânea ou sequencialmente (Baker et al., 2005).

1.5.2 Indústria do bioetanol.

A sacarificação enzimática de materiais lenhinocelulósicos, como o bagaço de cana-de-açúcar, a espiga de milho, a palha de arroz, a Prosopis juliflora, a Lantana camara, a erva de comutação, o pó de serra e os resíduos florestais por celulases para a produção de biocombustíveis é talvez a aplicação mais popular atualmente a ser investigada (Gupta et al., 2011). A bioconversão de materiais lignocelulósicos em produtos úteis e de maior valor requer normalmente processos com várias etapas (Wyman et al., 2005). Estes processos incluem: pré-tratamento (mecânico, químico ou biológico), hidrólise dos polímeros para produzir moléculas facilmente metabolizáveis (por exemplo, açúcares hexose e pentose), bioconversão destas moléculas mais pequenas para suportar o crescimento microbiano e/ou produzir produtos químicos, e a separação e purificação dos produtos desejados. O custo de utilidade da hidrólise enzimática pode ser baixo em comparação com a hidrólise ácida ou alcalina, porque a hidrólise enzimática é geralmente efectuada em condições suaves (pH 4-6 e temperatura 45-50^ C) e não apresenta problemas de corrosão (Gupta et al., 2011).

1.5.3 Indústria vinícola e cervejeira.

As glucanases microbianas e os polissacáridos relacionados desempenham um papel importante nos processos de fermentação para produzir bebidas alcoólicas, incluindo cervejas e vinhos (Calante et al., 1998; Dou. Estas enzimas podem melhorar tanto a qualidade como o rendimento dos produtos fermentados (Banforth, 2009). As glucanases são adicionadas durante a brassagem ou a fermentação primária para hidrolisar o glucano, reduzir a viscosidade do mosto e melhorar a filtrabilidade (Banforth, 2009; Canales et al., 1988). Na produção de vinho, as enzimas como as pectinases, glucanases e hemicelulases desempenham um papel importante, melhorando a extração de cor, a maceração pelicular, a clarificação do mosto, a filtração e, finalmente, a qualidade e estabilidade do vinho (Singh et al., 2007). As β-glucosidases podem melhorar o aroma dos vinhos modificando os precursores glicosilados. As enzimas de maceração também melhoram a capacidade de prensagem, a decantação e o rendimento do sumo das uvas utilizadas para a fermentação do vinho. As principais vantagens da utilização destas enzimas durante a produção de vinho incluem uma melhor maceração, uma melhor extração de cor, uma clarificação fácil, uma filtração fácil, uma melhor qualidade do vinho e uma maior estabilidade. A produção de cerveja baseia-se na ação de enzimas activadas durante a maltagem e a fermentação. A maltagem da cevada depende da germinação da semente, que inicia a biossíntese e a ativação de α- e β-amilases, carboxipeptidase e β- glucanase que hidrolisam as reservas da semente (Banforth, 2009).

1.5.4 Indústria de transformação de alimentos.

As celulases têm uma vasta gama de aplicações potenciais também na biotecnologia alimentar. A produção de sumos de fruta e vegetais requer métodos melhorados de extração, clarificação e estabilização. As celulases também têm uma aplicação importante como parte do complexo de enzimas maceradoras (celulases, xilanases e pectinases) utilizadas para a extração e clarificação de sumos de fruta e vegetais para aumentar o rendimento dos sumos (Minussi et al., 2002; Carvlho et al., 2008). A utilização de enzimas de maceração aumenta o rendimento e o desempenho do processo sem investimento de capital adicional. As enzimas de maceração são utilizadas para melhorar a estabilidade e a textura da nuvem e diminuir a viscosidade dos néctares e purés de frutos tropicais como a manga, o pêssego, a papaia, a ameixa, o alperce e a pera (Sukumaran et al., 2005; Carlvalho et al., 2008). As propriedades de textura, sabor e aroma de frutas e vegetais podem ser melhoradas através da redução do amargor excessivo dos citrinos por infusão de enzimas como pectinases e β-glucosidases (Youn et al., 2004; Rai et al., 2007).

1.5.5 Indústria de alimentos para animais.

As aplicações de celulases e hemicelulases na indústria dos alimentos para animais têm recebido uma atenção considerável devido ao seu potencial para melhorar o valor dos alimentos e o desempenho dos animais (Dhiman et al., 2002). O pré-tratamento da silagem agrícola e dos cereais para alimentação animal por celulases ou xilanases pode melhorar o seu valor nutricional (Shrivastava, 2011). As enzimas podem também eliminar factores antinutricionais presentes nos grãos para alimentação animal, degradar certos constituintes dos alimentos para melhorar o valor nutricional e fornecer enzimas digestivas suplementares, como proteases, amilases e glucanases.

As celulases, utilizadas como aditivos alimentares isoladamente ou em conjunto com proteases, podem melhorar significativamente a qualidade da carne de porco. As celulases podem ser utilizadas para melhorar a produção de silagem para a alimentação do gado, o que implica o aumento da digestibilidade das gramíneas que contêm grandes quantidades de nutrientes potencialmente digeríveis totais e valores energéticos, juntamente com apenas pequenas quantidades de hidratos de carbono solúveis em água. A utilização de enzimas na alimentação animal tornou-se mais importante após a proibição da utilização de alguns antibióticos ionóforos nutritivos, que eram anteriormente utilizados nos países da UE (Ali et al., 1995). Existe uma grande variação na digestibilidade das origens do amido. A baixa digestibilidade de alguns amidos promove o aparecimento de algumas doenças do trato digestivo, porque o amido não digerido e não absorvido que chega ao intestino grosso pode atuar como substrato para a fermentação bacteriana, apoiando a proliferação de algumas bactérias patogénicas potencialmente perigosas (Pascual et al., 2011). As celulases têm um efeito positivo nos processos de fermentação cecal, aumentando a produção de ácido propiónico, que actua como um material bacteriostático e pode, assim, diminuir a colonização de bactérias patogénicas (Fortun et al., 2001).

1.5.6 Indústrias agrícolas.

Várias preparações enzimáticas que consistem em diferentes combinações de celulases, hemicelulases e pectinases têm aplicações potenciais na agricultura para aumentar o crescimento das culturas e controlar as doenças das plantas (Bhat, 2000; Chet e Haran, 1998). Os protoplastos de plantas ou de fungos produzidos com hidrolases microbianas podem ser utilizados para produzir estirpes híbridas com propriedades desejáveis. As celulases e as enzimas relacionadas de certos fungos são capazes de degradar a parede celular dos agentes patogénicos das plantas, controlando as doenças das plantas (Bhat, 2001). As β-glucanases fúngicas são capazes de controlar doenças através da degradação das paredes celulares dos agentes patogénicos das plantas.

Sabe-se que muitos fungos celulolíticos, incluindo Trichoderma sp., Geocladium sp., Chaetomium sp. e Penicillium sp. desempenham um papel fundamental na agricultura, facilitando a germinação de sementes, o crescimento rápido das plantas e a floração, a melhoria do sistema radicular e o aumento do rendimento das culturas (Bailey e Lunsden, 1998; Harman e Kubicek, 1998). Embora estes fungos tenham efeitos diretos (provavelmente através de factores difusíveis que promovem o crescimento) e indirectos (controlando as doenças das plantas e os agentes patogénicos) nas plantas [85, 86], ainda não é claro como é que estes fungos facilitam a melhoria do desempenho das plantas.

1.5.7 Extração de azeite.

A extração do azeite envolve (1) a trituração e moagem das azeitonas num moinho de pedra ou de martelos; (2) a passagem da pasta de azeitona picada por uma série de malaxeurs e decantadores horizontais; (3) a centrifugação a alta velocidade para recuperar o azeite. Para produzir azeite de alta qualidade, têm sido utilizados frutos acabados de colher, limpos e ligeiramente imaturos, em condições de prensagem a frio (DeFaveri et al., 2008). No entanto, foram obtidos rendimentos elevados com frutos totalmente maduros, quando processados a temperaturas superiores à ambiente, mas isso resultou num azeite com elevada acidez, ranço e aroma fraco. Por conseguinte, era necessário um método melhorado para a extração de azeite de alta qualidade para satisfazer a crescente procura dos consumidores. A preparação enzimática comercial, Olive (uma preparação de pectinase com celulase e hemicelulase de Aspergillus aculeatus), foi a primeira mistura enzimática utilizada para melhorar a extração do azeite (Ranali et al., 2003). Além disso, a utilização de enzimas de maceração aumentou os antioxidantes no azeite extravirgem e reduziu a indução de rancidez.

As principais vantagens da utilização de enzimas de maceração durante a extração de azeite são as seguintes: 1) aumento da extração (até 2 kg de azeite por 100 kg de azeitonas) em condições de processamento a frio; 2) melhor fracionamento centrífugo do mosto oleoso; 3) azeite com elevados teores de antioxidantes e vitamina E; 4) indução lenta de ranço; 5) melhoria global da eficiência das instalações; 6) baixo teor de óleo nas águas residuais. Do mesmo modo, as enzimas de maceração poderiam desempenhar um papel importante na extração de óleos de outras culturas agrícolas oleaginosas. Estas enzimas podem também ser utilizadas durante a malaxação da pasta de azeitona. A presença de enzimas colaterais

1.5.8 Extração de carotenóides.

Os carotenóides são o principal grupo de substâncias corantes na natureza, sendo responsáveis por muitas cores vegetais, do vermelho ao amarelo (Inar, 2005). Existe um mercado em contínuo crescimento para os carotenóides como corantes alimentares devido às suas propriedades desejáveis, tais como a sua origem natural, toxicidade nula e elevada versatilidade, fornecendo corantes lipo e hidrossolúveis com cores que vão do amarelo ao vermelho (Inar, 2005). A celulase divide aleatoriamente as cadeias de celulose em glucose, enquanto as preparações comerciais de pectinase de *Aspergillus niger* têm atividade de pectinesterase (PE), poligalacturonase (PG) e pectina liase (PL). A utilização de enzimas pectinase e celulase rompe a parede celular da casca de laranja, da batata-doce e da cenoura e liberta os carotenóides nos cloroplastos e nos fluidos celulares. Estes pigmentos permanecem no seu estado natural ainda ligados a proteínas. Esta estrutura ligada impede a oxidação do pigmento e também afecta a estabilidade da cor, ao passo que a extração por solventes dissocia os pigmentos das proteínas e causa insolubilidade em água e facilidade de oxidação.

1.5.9 Indústria de detergentes.

A utilização de celulases juntamente com proteases e lipases nos detergentes é uma inovação mais recente neste sector (Sukumaran et al., 2005). As preparações de celulases capazes de modificar as fibrilas de celulose podem melhorar o brilho da cor, o toque e a remoção da sujidade das peças de vestuário de mistura de algodão. A aplicação industrial de celulases alcalinas como potencial aditivo de detergente está a ser ativamente procurada com vista a contactar seletivamente a celulose no interior das fibras e a remover a sujidade nos espaços inter-fibrilares na presença de ingredientes de detergentes mais convencionais (Sukumaran et al., 2005; Singh et al., 2007). Atualmente, tem sido utilizado detergente líquido para a roupa que contém tensioativo aniónico ou não iónico, ácido cítrico ou um sal solúvel em água, protease, celulose e uma mistura de propanodiol e ácido bórico ou seu derivado para melhorar a estabilidade das celulases. Como a maioria das fibras de celulose na indústria têxtil moderna, as enzimas são cada vez mais utilizadas no acabamento de tecidos e vestuário, estão dispostas como cadeias longas e rectas de algumas fibras pequenas que podem sobressair do fio ou do tecido. As celulases são aplicadas para remover estas protuberâncias ásperas para obter um tecido mais suave, mais brilhante e de cor mais viva (Karkar e Ray, 2011).

1.6 Gestão de resíduos.

Os resíduos gerados pelas florestas, campos agrícolas e agroindústrias contêm uma grande quantidade de celulose não utilizada ou subutilizada, causando poluição ambiental (Milala et al., 2005). Atualmente, estes resíduos são criteriosamente utilizados para produzir produtos valiosos, tais como enzimas, açúcares, biocombustíveis, produtos químicos, fontes de energia baratas para fermentação, alimentos para animais melhorados e nutrientes humanos (Gupta et al., 2010; Gupta et al., 2009; Hsu e Lakhani, 2002).

1.6.1 Pectinase, suas funções e aplicações

As pectinases estão a ser produzidas por vários tipos de microrganismos (Servili et al. 1992; Kapoor et al. 2001; Angayarkanni et al. 2002; Hoondal et al. 2002; Sharma e Satyanarayana 2012; Sharma et al. 2013b; Mohamadi et al. 2014). Também é relatado que elas são produzidas em combinação com outras enzimas industrialmente importantes pelo mesmo isolado microbiano (Kaur et al. 2011; Singh et al. 2015). A enzima pectinase é amplamente classificada em três tipos, com base no seu modo de ação: pectina esterase, hidrolases e liases. A pectina esterase catalisa a desesterificação do grupo metoxilo da pectina, formando ácido péctico. As hidrolases (poligalacturonases e polimetilgalacturonases) catalisam a clivagem hidrolítica da ligação a-1,4-glicosídica do ácido péctico e da pectina, respetivamente, enquanto as liases (poligalacturonato liase e polimetilgalacturonato liase) catalisam a clivagem da ligação a-1,4-glicosídica do ácido péctico e da pectina, respetivamente, por reação de trans-eliminação e formam galacturonatos insaturados e galacturonatos de metilo, respetivamente.

1.6.2 Aplicações industriais

1.6.3 Transformação de frutos e produtos hortícolas

Uma prática geral no processamento de frutas e vegetais é o tratamento da polpa com preparações enzimáticas apropriadas (Naidu e Panda 1998; Ramadan et al. 2007; Chaudhri e Suneetha 2012; Khan et al. 2013). Os sumos com baixa viscosidade, elevada transparência e alto teor nutricional são mais desejados pelos consumidores. As pectinases desempenham um papel crucial na redução da viscosidade, no aumento do rendimento e na clarificação do sumo através da liquefação das polpas, na remoção das cascas (Kashyap et al., 2001a; Kareem e Adebowale, 2007; Chaudhri e Suneetha, 2012; Makky e Yusoff, 2015) e na maceração de vegetais para produzir vários produtos como pastas e purés (Sreenath et al. 1994; Demir et al. 2000; Tochi et al. 2009).

A despectinização depende da composição do sumo, do tipo de enzima utilizada e do tempo consumido (Versari et al. 1998). As condições de pH para a despectinização de sumos (laranja, dragão, maçã, pera, uvas, goiaba, banana, papaia, cenoura, beterraba, etc.) com pectinase têm variado de pH 2,5 a 6 (Soares, et al., 2001; Croaka e Corredig 2006), o tempo de tratamento varia de 5 min a 6 h (Soares et al. 2001; Singh e Gupta 2004; Tochi et al. 2009; Aliaa et al. 2010), temperatura abaixo de 50C (Kashyap et al. 2001a; Soares et al. 2001; Singh e Gupta 2004; Aliaa et al. 2010) e dose de enzima variando de 0,06 a 0,135 % v/w (Singh e Gupta 2004; Aliaa et al. 2010; Dang et al. 2012). No processamento de sumos de citrinos, as enzimas pécticas contribuem para a remoção da turvação e estabilização do sumo (Braddock 1981). As enzimas pectinolíticas também têm sido aplicadas em associação com outras enzimas que degradam a parede celular, como as celulases e hemicelulases (Bhat, 2000). Croaka e Corredig (2006) relataram as alterações que ocorrem nas partículas de nuvem do sumo de laranja após a adição de poligalacturonase e pectina esterase. A adição de poligalacturonase não mostrou qualquer efeito no tamanho das partículas da nuvem de sumo, enquanto a adição de pectina esterase provoca a agregação das partículas da nuvem em poucos minutos ao pH natural (3,8) do sumo, e a quantidade de enzima adicionada afectou a cinética da agregação. Como a banana e a papaia são frutos moles e contêm um elevado nível de pectina solúvel, a maceração destes frutos resultou numa massa semigelada que era muito difícil de prensar (Pilnik e Voragen 1993). A utilização da enzima pectinase resultou numa polpa com melhores caraterísticas de prensagem e maior rendimento em sumo. A trituração e maceração da papaia e da banana por tratamento enzimático resultou na extração de 60 a 95 ml de sumo por 100 g de material, o que é cerca de três a quatro vezes mais do que o controlo. Soares e colaboradores (2001) referiram que o rendimento do sumo de frutos (pera, goiaba, banana, papaia) e vegetais (cenoura, beterraba) foi significativamente melhorado pelo tratamento com pectinase e o material foi prensado mais facilmente do que o controlo e o peso seco residual dos resíduos sólidos diminuiu entre 5 e 64 %. O rendimento obtido a partir da moagem de cenouras tratadas com solução enzimática das estirpes Bacillus Ar1.2, Ega16 e Ega22 foi de 40-50 ml de sumo por 100 g de material, ou seja, duas vezes superior ao do controlo (20 ml/100 g). Obteve-se um aumento de cerca de 25 % na recuperação do sumo de ananás, quando se utilizou uma mistura de duas enzimas comerciais, pectinase e hemicelulase, à temperatura de extração de 40 C, em comparação com o controlo (Tochi et al. 2009). A utilização de preparações de pectinase e hemicelulase na polpa de ananás não só aumentou a recuperação do sumo como também assegurou a melhor qualidade possível dos produtos finais (Kilara 1982;

Kashyap et al. 2001a). O aumento do rendimento do sumo é principalmente devido à capacidade das enzimas para degradar as paredes celulares, reduzindo assim significativamente a viscosidade dos sumos recuperados e, portanto, minimiza a incrustação da membrana durante as operações de filtração (de Carvalho et al. 2008; Chaudhri e Suneetha 2012). O tratamento com pectinase também resultou em cerca de 143 % mais transmitância e 35,5 % de queda na viscosidade em comparação com o controlo, no caso do sumo de maçã. Os sumos clarificados enzimaticamente não mostraram qualquer desenvolvimento significativo de turvação, quando armazenados à temperatura ambiente (25°C) após 2 meses de armazenamento. Singh e Gupta (2004) também relataram o efeito da gelatina na eficácia da enzima pectinolítica de Aspergillus niger para a clarificação do sumo de maçã. O sumo de maçã, quando tratado com 15 UI/ml de enzima na presença de 0,01 % de gelatina, foi cerca de 1,5 a 2 vezes mais clarificado em comparação com o controlo contendo apenas enzima, a 45°C com um tempo de retenção de 6 h. A extração por maceração enzimática pode aumentar o rendimento em mais de 90 % em comparação com a extração mecânica convencional de sumo, e também melhora as propriedades organolépticas e nutricionais e a eficiência da filtração (Rombouts et al. 1980). A pectinase parcialmente purificada de Bacillus VIT sun-2 em combinação com celulase e xilanase comerciais tem mais eficácia no aumento do rendimento e clarificação do sumo de maçã, seguido do sumo de uva, laranja e romã e o seu efeito aumenta com o aumento do tempo de incubação e da concentração de enzima (Praveen e Suneetha 2015). A liquefação do bagaço também pode ser utilizada para obter alimentos de valor acrescentado, uma vez que oferece a oportunidade de libertar mais polifenóis e polissacáridos da maçã. Quando o sumo de maçã é ultrafiltrado, o fluxo permeado do sumo despectinizado é muito superior ao do sumo pectinizado. A redução da viscosidade do sumo de maçã e do teor de pectina total resultou num aumento da taxa de permeação. O tratamento da fruta com pectinase ajuda na libertação do conteúdo fenólico da casca da fruta (Sharma et al. 2013a). Estes componentes fenólicos desempenham um papel significativo como antioxidantes, o que é importante para a manutenção da saúde e a proteção contra doenças coronárias e certos tipos de cancro (Miller e Rice-Evans 1997). O teor de fenólicos foi mais elevado até 15 % nas amostras tratadas com enzimas, o que sugere que a bebida de fruta do dragão é rica em capacidade antioxidante do que a bebida não processada (Aliaa et al. 2010). Alguns relatórios estão disponíveis sobre o uso simultâneo de ultrassom e pectinase (Lieu e Le 2010; Dang et al. 2012). O rendimento do suco foi mais no caso de acerola e purês de uva, quando tratados com ultrassom e pectinase simultaneamente em comparação com tratamentos ultra-sônicos ou enzimáticos (Lieu e Le 2010; Dang et al. 2012). O rendimento máximo de extração em mosto de acerola, quando tratado com pectinase na concentração de 0,12% v / w para 26,3 min na presença de ultrassom foi de 87,4%, que é 3,2 e 15,5% maior do que pelo tratamento ultrassónico e enzimático, respetivamente (Dang et al. 2012). Pode ser explicado que o ultrassom gera bolhas cavitacionais em colapso, cuja energia proporciona uma maior penetração do solvente no material celular e aumenta a transferência de massa para e de interfaces; além disso, a cavitação acústica pode romper as paredes celulares e liberar os materiais celulares que, por sua vez, causam aumento no rendimento da extração (Patist e Bates 2008). As principais funções das enzimas pectinolíticas no processo de vinificação são apoiar o processo de extração, maximizar o rendimento do sumo, facilitar a filtração e intensificar o sabor e a cor (Chaudhri e Suneetha 2012). Os vinhos tratados enzimaticamente apresentaram uma maior estabilidade com um tempo de filtração reduzido em comparação com os vinhos de controlo (Blunt 2000; Jayani et al. 2005). O tratamento de frutos macerados com enzimas pectinolíticas, antes da adição de inóculo, resultou numa melhoria das caraterísticas do vinho (Revilla e Ganzalez, 2003; Praveen e Suneetha, 2014). A clarificação do mosto antes do início da fermentação alcoólica também melhora as caraterísticas sensoriais do vinho branco (Reddy e Reddy 2009). Bosso (1993) referiu os níveis mais elevados de produção de álcool no mosto de uva fermentado, pré-tratado com enzimas pectolíticas e observou um aumento do álcool isoamílico e do etanol 2-fenílico e uma diminuição das concentrações de n-propanol. Reddy e Reddy (2009) estudaram o efeito combinado do tratamento com pectinase e da fermentação por culturas de leveduras na produção de etanol. O tratamento com pectinase aumentou o rendimento do sumo, quando tratado a 0,6 % da concentração de enzima e a fermentação foi conduzida a 30°C e pH 4,5 por um período de 12 h. O aumento do etanol pode ser devido à clarificação do mosto de manga e ao aumento da concentração de açúcar nas amostras tratadas com pectinase. Vários relatórios mostraram que a adição de enzimas pectinolíticas no processo de produção de vinho leva a um aumento dos níveis de metanol no vinho devido à atividade da pectina esterase (Servili et al. 1992; Revilla e Gonza'lez-SanJose' 1998). O metanol é tóxico e a sua concentração máxima no vinho deve ser regulada. Por conseguinte, a pectina esterase deve estar em baixas concentrações nas misturas comerciais. Sacarificação de substratos agrícolas As pectinases também estão a ser utilizadas em biorefinarias para hidrolisar a pectina presente em resíduos agro-industriais ricos em pectina (Biz et al. 2014).

Estes resíduos são transformados em açúcares simples, de modo a poderem ser convertidos em bioetanol ou utilizados como açúcares fermentáveis (Collares et al. 2012; Hossain et al. 2011). Diferentes enzimas, como a pectinase, as hemicelulases e as celulases, estão a ser utilizadas para converter os polissacáridos presentes na parede celular das plantas em açúcares simples (Beldman et al. 1984). O tratamento de Landoltia punctata (lentilha d'água) com uma dose de pectinase de 26,54 unidades de pectina transeliminase/g de mosto a 45°C durante 5 h resultou num aumento de cerca de 142% da glucose em comparação com o mosto não tratado. Esta glucose é posteriormente utilizada na produção de uma concentração de etanol de 30,8 ± 0,8 g/L utilizando lentilha de água como matéria-prima (Chen et al. 2012). Extração de óleo vegetal Os óleos vegetais de azeitona, girassol, coco, palma ou canola são obtidos por extração com solventes orgânicos, como o hexano, que é um potencial carcinogéneo (Kashyap et al. 2001a). A utilização de enzimas pectolíticas, neste caso preferencialmente alcalinas, permite a extração de óleos vegetais num processo aquoso por degradação dos componentes da parede celular. Atualmente, iniciou-se a utilização de preparações enzimáticas contendo celulases, hemicelulases e pectinases para a extração máxima de óleo. O tratamento enzimático resultou não só no aumento do rendimento do óleo, mas também no aumento do teor polifenólico e de vitamina E, melhorando assim a sua qualidade organoléptica (Kashyap et al. 2001a; Hoondal et al. 2002; Iconomou et al. 2010).

1.6.4 Tratamento de matérias têxteis

O processo de limpeza convencional envolve a utilização de produtos químicos agressivos e está a ser lentamente substituído por uma abordagem ecológica através da utilização de enzimas. O bioscouring é um método ecológico para a remoção de impurezas não celulósicas da fibra com enzimas específicas (Praveen e Suneetha 2014). Torna a superfície da fibra mais hidrofílica (Li e Hardin 1998). A biocura também evita o elevado consumo de energia e os graves problemas de poluição que estão associados à limpeza alcalina convencional (Rajendran et al. 2011). As pectinases também evitam danos nas fibras (Jayani et al. 2005; Klug-Santner et al. 2006). A pectinase alcalina tem sido considerada por muitos investigadores como a enzima mais adequada para a lavagem do algodão, porque a degradação e eliminação da pectina facilita a remoção de ceras soltas (Tzanov et al. 2001; Wang et al. 2007). Alguns cientistas também estudaram o efeito da pectinase ácida e neutra na biocura do algodão (Pusic et al. 2015). Foram obtidos melhores resultados quando a pectinase foi utilizada em conjunto com amilases, lipases, celulases e hemicelulases para remover agentes de colagem do algodão de forma segura e ecológica, substituindo a soda cáustica tóxica utilizada anteriormente para o efeito (Li e Hardin 1998; Wang et al. 2007; Agrawal et al. 2008a).

1.6.5 Transformação de chá e café

O tratamento com pectinase acelera a fermentação do chá ao quebrar a pectina que está presente nas paredes celulares das folhas de chá e também destrói a propriedade de formação de espuma dos pós de chá instantâneo ao destruir as pectinas. A mudança de cor do chá durante a fermentação também resulta no desenvolvimento de um aroma caraterístico (Carr 1985; Praveen e Suneetha 2014).

1.6.6 Transformação de alimentos para animais

A utilização de pectinases na produção de alimentos para ruminantes diminui a viscosidade dos alimentos e aumenta a absorção de nutrientes pelos ruminantes, liberta nutrientes por ação enzimática, o que também reduz a quantidade de fezes (Hoondal et al. 2002; Praveen e Suneetha 2014). As preparações enzimáticas específicas tornaram-se uma ferramenta valiosa para melhorar economicamente os processos digestivos nos ruminantes (Gado et al. 2009; Murad et al. 2009). A dieta dos ruminantes foi suplementada com um cocktail de enzimas contendo xilanases, pectinases e celulases.

A suplementação de enzimas aumenta a digestibilidade da matéria orgânica (Selinger et al. 1996; Petersen 2001). A melhoria do desempenho animal devido à utilização de aditivos enzimáticos pode ser atribuída principalmente à melhoria da digestão ruminal da fibra, que resulta num aumento da ingestão de energia digestível (Arambel et al. 1987; Ghorai et al. 2009). O efeito líquido da utilização de enzimas na alimentação aumentou o peso do animal. O tratamento da ração por pulverização de enzimas imediatamente antes da alimentação proporciona uma maior flexibilidade de gestão. O tratamento da ração com enzimas desta forma pode melhorar a digestibilidade da ração através de uma série de mecanismos diferentes, incluindo a hidrólise direta, melhorias na palatabilidade e alterações na viscosidade intestinal (Ghorai et al. 2009).

Capítulo 2

2.1 Fast Foods e microrganismos

A comida rápida ou os alimentos prontos a comer são consumidos sem processamento adicional (Bertram, 1985; Frazer e Westhoff 1988). Estes alimentos são, no entanto, propensos a fontes de contaminação e crescimento microbiano, fazendo com que os alimentos se tornem estragados e constituindo, assim, um perigo para a saúde quando consumidos. O envelhecimento devido às actividades microbianas pode ser o resultado de uma exposição inadequada ao tempo e à temperatura durante a produção/processamento dos alimentos, do armazenamento dos produtos alimentares acabados ou de uma combinação destas actividades (Bryan et al, 1985; Brayan e Bartelson 1991). Também foi relatado que a presença de microrganismos mesófilos nos alimentos é uma indicação de que microrganismos patogénicos podem estar presentes nesses alimentos (Makoto et al, 1988).n Entretanto, vários produtos alimentares vendidos localmente demonstraram estar altamente contaminados com espécies de Bacillus (Antai, 1988, Okodugha e Obanu, 1989), Staphylococcus e outras espécies de bactérias (Esumeh et al., 1991). A capacidade destes microrganismos para provocar o empedramento destes alimentos deve-se principalmente à produção de enzimas que são responsáveis pela digestão dos vários componentes dos alimentos para libertar substâncias mais simples (Bisaria e Mishra, 1989). A maior parte da comida rápida contém as três principais classes de alimentos, hidratos de carbono, proteínas e gorduras. As principais enzimas produzidas por estes organismos incluem a amilase, a pectinase e a celulase. No entanto, para um controlo adequado e eficaz destas enzimas que resultam nas suas principais actividades, torna-se muito necessário um estudo do seu significado α -amilase (α-1, 4, D- glucanglucanohidrolase, E.C3.2.1.1 e endoamilase) catalisa a conversão do amido numa gama de malto-oligossacáridos através de um mecanismo hidrolítico de ação endo, tornando-o assim passível da ação da amiloglicosidase para sacarificação em açúcares redutores (Fogarty e Kelly, 1990).

As α-amilases de espécies de Bacillus têm tido uma aplicação comercial considerável durante várias décadas nas indústrias cervejeira, têxtil e do papel. Na indústria cervejeira, a amilase facilita a utilização de xaropes de cevada altamente concentrados e de adjuntos como o sorgo. Hidrolisa o amido até obter um produto de viscosidade adequada para o revestimento e a superfície do papel e, na indústria têxtil, é utilizada para fins de desengordurامento (Lonsane e Ramesh, 1990). As pectinases, por outro lado, são principalmente produzidas por Apergillus spp. e são amplamente utilizadas para a extração e clarificação de sumos de fruta. No processo de extração, a adição de enzimas pectinase aos frutos de baga assegura um elevado rendimento do sumo através da destruição parcial da pectina (Frank e Walter, 1980). No processo de clarificação do sumo, a adição de pectinase resulta num rápido aumento da viscosidade e na redução da turvação, e as partículas turvas aglomeram-se formando flocos que se depositam. Obtém-se então um sumo límpido por filtração ou por centrifugação (Yasin e Sukan, 1986). A principal utilização das enzimas celulase inclui a utilização direta das enzimas na tecnologia alimentar, farmacêutica, cervejeira, do papel e têxtil (Ghose e Bisaria, 1979; Kubiet et al, 1993). É, no entanto, com base nas actividades destas enzimas produzidas por Bacillus spp. e Aspergillus spp. juntamente com a sua importância nas indústrias alimentares, que os objectivos deste estudo de investigação são isolar e caraterizar Bacillus spp. e *Aspergillus* spp. recuperados de alimentos rápidos obsoletos, produzir amilase, pectinase e enzimas de celulase a partir destes microrganismos, determinar as condições ideais de pH e temperatura necessárias para as actividades óptimas das enzimas produzidas.

Capítulo 3

3.1 Materiais e métodos

3.1.1 Recolha de amostras

Foram obtidas amostras de comida rápida acabada de preparar, incluindo tarte de carne picada, ovos escoceses, donuts, salsichas e rolos de peixe, em dois pontos de venda a retalho, codificados como A e B, em Ikeja e Akowonjo, na metrópole de Lagos, Nigéria. As amostras foram embaladas assepticamente em sacos de polietileno esterilizados e transportadas imediatamente para o laboratório para análise.

3.1.2 Preparação da amostra

As amostras de fast food de scotcheggs, donuts, salsichas, empadas de carne e rolos de peixe foram preparadas colocando cada amostra numa placa esterilizada exposta à temperatura ambiente (28±2°C) durante um período de 2-3 dias. As amostras de alimentos estagnadas foram examinadas para verificar se estavam estagnadas e depois utilizadas para efeitos de isolamento e caraterização.

3.1.3 Isolamento de microrganismos a partir de amostras

Para o efeito, foram pesados 50 gramas de cada amostra e triturados separadamente com um pilão e um almofariz esterilizados. As amostras foram diluídas com água destilada estéril e misturadas cuidadosamente para obter uma suspensão homogénea com uma concentração final de 1gm/ml. Um mililitro da suspensão foi retirado assepticamente e adicionado a 9ml de água destilada estéril num tubo de ensaio estéril para obter uma diluição de 10^{-1} e, a partir de uma diluição apropriada de 10^{-3}, 0,1ml foi colocado separadamente pelo método de pour plate em placas estéreis e incubado adequadamente da seguinte forma: Ágar Nutriente: Este foi utilizado para a contagem de bactérias aeróbias totais nas amostras. As placas foram incubadas a 37°C durante 24-48 horas.

3.1.4 Ágar Trypticase Soy: Este foi utilizado para a contagem de Bacillus sp. As placas foram incubadas a 39°C durante 48 horas.

3.1.5 Ágar Batata Dextrose: Foi utilizado para a contagem de isolados de bolores nas amostras. As placas foram incubadas a 30°C durante 3-5 dias.

3.1.6 Coloração de esporos

Os esfregaços de culturas fixados termicamente foram inundados com uma solução aquosa de verde de malaquite (10%). A lâmina foi aquecida suavemente até a coloração começar a borbulhar. A coloração foi lavada e o esfregaço foi contra-corado com uma solução aquosa de safranina a 0,35%. A presença, a posição e a forma dos esporos bacterianos corados com verde foram examinadas ao microscópio (Boscwhitz et al., 1983)

3.1.7 Caracterização bioquímica dos isolados bacterianos

As estirpes bacterianas isoladas foram caracterizadas e identificadas utilizando colorações de Gram e coloração de Gram, teste de motilidade, teste de oxidase, formação de esporos e a sua posição e teste de urease, entre outros estudos bioquímicos, seguindo métodos normalizados que foram previamente comunicados e utilizados por outros estudiosos (Harrigan e McCance, 1982). As estirpes isoladas foram então identificadas com base nos testes acima referidos, conforme descrito.

3.1.8 Identificação de fungos

Os bolores, por outro lado, foram identificados da seguinte forma: foi feita uma preparação de esfregaço húmido, que foi recuperado com uma lamela e examinado sob a objetiva de imersão em óleo do microscópio de luz. Os principais caracteres que foram utilizados na identificação do isolado de bolor são resumidos da seguinte forma: hifas, septadas ou não septadas, micélio, colorido ou não colorido, tipo de esporo assexual, esporangiósporo, conídio, aspeto microscópico dos esporos assexuais. Presença de estruturas especiais como estolhos, rizóides e células pedunculadas.

3.2 Produção e ensaio de enzimas extracelulares

3.2.1 Produção de enzimas amilase

O meio basal (g/I) para o microrganismo produtor de amilase é o seguinte Amido de batata solúvel (sigma), 10; peptona, 2,0; K_2HPO_4, 2,0; $FeCl_3.6H_2O$, 0,005; $CaCl_2. 2H_2O$, 0,005; $MgSO_4.H_2O$, 0,005; $MnCl_2.4H_2O$, 0,005, o meio mineral foi ajustado para pH 7,0 (Oguntimein, 1993). A fermentação foi efectuada num balão Erlenmayer de 250 ml com 100 ml de meio num agitador rotativo a 200 rpm durante 24 horas. O meio de cultura foi centrifugado a 10.000 rpm durante 15 minutos e o sobrenadante foi testado para ativar a amilase bruta. O efeito das diferentes fontes de carbono e de azoto orgânico na produção de -amilase também foi estudado juntamente com o efeito do pH e da temperatura nos frascos agitados.

3.2.2 Ensaio das enzimas amilase

O método de Sarafiks (1991) foi utilizado para testar a ativação das enzimas: Dois mililitros de solução de amido preto (10mg/ml) foram deixados a inchar a 40°C durante 20 minutos; e depois foi adicionado 1ml de solução de enzimas adequadamente diluída com agitação em vórtex. A mistura foi incubada sem agitação durante 30 minutos, após o que a suspensão foi agitada em vórtex, misturada e filtrada através de um papel de filtro. A densidade ótica foi lida a 540 nm em relação a um branco sem enzimas. Uma unidade de atividade enzimática pode ser definida como a quantidade de enzima que produz uma alteração de 0,001 unidade de D.O. num minuto, em condições de ensaio. As actividades produzidas por diferentes Bacillus spp. são apresentadas na tabela 3. Observou-se que todas as espécies de Bacillus produziam uma amilase através da hidrólise do amido em açúcares redutores. No entanto, *o B. subtilis* produziu o açúcar redutor mais elevado com 3,70 mg/ml e *o B. polymyxa* produziu o menos com 1,90 mg/ml.

3.2.3 Caracterização das enzimas amilase

(i) Efeito de diferentes temperaturas na atividade da amilase

Esta operação foi efectuada da seguinte forma, descrita por Oguntimein (1993): A mistura de reação preparada foi incubada a várias temperaturas 20, 25, 30, 35, 40, 45, 50, 55°C, e 60°C durante 40 minutos. A 1 ml da amostra incubada com 0,5 ml da enzima das diferentes temperaturas. Adicionou-se 1ml de iodo e a cor resultante (preto azulado) foi determinada pela sua absorvância a 540nm. A concentração de açúcar redutor libertado foi então calculada a partir da curva padrão de concentração conhecida para a glucose.

(ii) Efeito de diferentes pH na atividade da amilase.

Isto também foi efectuado conforme descrito por Oguntimein, (1993). A mistura de reação preparada foi ajustada a diferentes valores de pH de 2,0, 3,0, 4,0, 5,0, 6,0, 7,0, 8,0, 9,0, 10,0 e 11,0 utilizando solução tampão. Tomou-se um ml desta solução, adicionou-se 1 ml de iodo e incubou-se durante 40 minutos. A cor resultante (preto azulado) foi determinada pela sua absorvância a 450nm. A concentração de açúcares redutores libertados foi então calculada para a glucose.

3.2.4 Produção de enzima celulase

O meio basal (Mandels e Weber, 1969) consiste no seguinte em (g l-1): Extrato de levedura, 0,1; KH2PO4, 2,0; 0,3; CaCl2H20, 0,3; MgS04.7H20, 0,005; MnSO4H20, 0,0016; ZnSO4 7H2O, 0,004; CoCl2.6H2O, 0,002; Carboxilmetilcelulase (CMC), 1% e pH ajustado para 5,2. O *Aspergillus niger* foi então inoculado no meio e incubado a 28°C durante 7 dias.

3.2.5 Ensaio do açúcar redutor após atividade da celulase

O método de Millers, (1959) foi empregue para estimar a concentração de açúcar. Isto foi conseguido terminando todas as várias reacções da mistura, adicionando 1ml e 3ml de reagente de ácido dinitrosalicílico (DNSA). (DNSA, 1L.0g; NaOH 2M e 20g de tartarato de potássio em 100ml de água destilada). Os tubos foram aquecidos a 100°C num banho de água a ferver durante 15 minutos e depois deixados arrefecer à temperatura ambiente. Os volumes finais foram levados a 12 ml, adicionando 10 ml de água. A absorvância foi determinada utilizando o espetrofotómetro (modelo Miltary Spectronic 20D) a 540 nm de comprimento de onda. A reação sem as enzimas brutas foi utilizada como branco. A absorvância da concentração padrão da solução aquosa de D-glucose foi determinada entre os intervalos de 1mg-10mg e utilizada para construir uma curva de calibração da absorvância em relação ao miligrama de glucose por mililitro. A quantidade de açúcar redutor produzida por 1 ml de filtrado fúngico no ensaio enzimático foi determinada a partir da curva padrão de glucose. Foi também estudado o efeito de diferentes pH no meio de fermentação durante a síntese da enzima celulase por *Aspergillus niger*.

3.2.6 Caracterização da enzima celulase

(i) Efeito de diferentes temperaturas na atividade da celulose

Esta operação foi efectuada como descrito abaixo: A mistura de reação preparada foi o ooo o o o o incubada a temperaturas de 20 C, 25 C, 30 C 35 C 40 C, 45 C, 50 C, 55 C e 60°C durante 40 minutos. A 1 ml da amostra incubada a diferentes temperaturas, adicionou-se 1 ml de reagente DNSA. A cor resultante (acastanhada) foi determinada pela sua absorvância a 540nm utilizando o espetrofotómetro. A quantidade de açúcar redutor foi estimada a partir da concentração conhecida da curva padrão para a glucose.

(ii) Efeito de diferentes pH na atividade da celulose

Esta operação foi efectuada como descrito por Madharam e Ashok, (1995) da seguinte forma: A mistura de reação preparada em 3.5.0 foi ajustada a diferentes valores de pH de 2.0, 3.0, 4.0, 5.0, 6.0, 7.0, 8.0, 9.0. Tomou-se separadamente um (1) ml de cada amostra preparada, que foi adicionado a 1 ml de reagente DNSA e incubado à temperatura de ebulição durante 30 minutos. As cores resultantes foram lidas quanto à sua absorvância a 540 nm. A concentração de açúcar redutor foi então estimada a partir de uma curva-padrão de concentração conhecida para a glucose.

3.2.7 Produção de enzima pectinase

Este foi preparado usando o método de Ayanleye, (1991) como se segue: O meio basal consiste no seguinte: água mineral, 100ml; pectina, 5,0g; farelo de trigo, 50g. O pH do meio basal foi ajustado para 4,5; autoclavado, arrefecido, inoculado com *Aspergillus* sp. e a fermentação em estado sólido foi deixada a decorrer durante 7 dias. No final da fermentação, esta foi diluída com uma quantidade adequada de água destilada e filtrada de modo a extrair a enzima. A enzima extraída foi então testada utilizando o método de Millers (1959), tal como descrito anteriormente. As alterações do pH durante a síntese da enzima pectinase por Aspergillus repens a partir de fast food estragado são apresentadas na tabela 5. O resultado revelou que houve um aumento gradual do pH de um valor inicial de 4,5 para 6,0.

3.2.8 Caracterização das enzimas pectinase

(i) Efeitos de diferentes temperaturas na atividade da pectinase

Esta operação foi efectuada conforme descrito por Ayanleye, (1991). A mistura de reação preparada foi incubada a temperaturas variáveis de 20°C, 25°C, 30°C, 35°C, 40°C, 45°C, 50°C, 55°C e 60°C durante 40 minutos. A 1 ml de amostra das diferentes temperaturas de incubação, adicionou-se 1 ml de reagente DNSA e aqueceu-se até à temperatura de ebulição. A cor resultante foi então lida a partir da sua absorvância a 540nm (Ayanleye, 1991). A concentração de açúcar redutor foi estimada a partir de uma curva padrão de concentração conhecida para a glucose.

(ii) Efeito de diferentes pH na atividade da pectinase.

O meio de pectinase, tal como preparado em 3.6.7, foi ajustado a diferentes valores de pH de 2,0 - 10,0 utilizando soluções tampão. Incubou-se 1 ml com 0,5 ml da solução enzimática. Em seguida, adicionou-se 1 ml de DNSA e ferveu-se durante 30 minutos. A cor resultante foi então lida quanto à sua absorvância a 540nm. A concentração de açúcar redutor foi então estimada a partir da curva-padrão de concentração conhecida para a glucose.

Capítulo 4

4.0 Resultados

Tabela 1: Microrganismos recuperados de amostras de fast food estragadas recolhidas em centros de fast food na metrópole de Lagos, Nigéria

Sample collected	Total Aerobic bacterial (cfu/g)	Bacillus spp. (cfu/g)	Moulds (cfu/g)
Mincepies	1.2x102	1.2x102	1.5x101
Sausages	1.8x102	1.3x102	1.8x101
Scotcheggs	2.0x102	1.8x102	1.5x101
Doug Doughhnuts	2.8x102	1.2x102	1.9x101
Fishrolls	1.7x102	1.3x103	1.8x102

Quadro 2: Identificação mais provável de bolores provenientes de comida rápida estragada

Attributes	Isolates	
	I	II
Appearance	Brownish black	black
Hyphae	Septate	Septate
Microscopic	Brownish black	Brownish black
Appearance	Conidia in chain	Conidia in chain
Stolons	Absent	Absent
Rhizoids	Absent	Absent
Foot cells	Absent	Absent
Probable Identity	*Aspergillus*	*Aspergillus repens*

Tabela 3: Actividades de hidrólise do amido da enzima amilase de diferentes *espécies de Bacillus*

Isolates Codes	Identify	Mean of Reducing sugar (Mg/ml)
A	*B. subtilis*	3.70
B	*B. pumilus*	3.20
C	*B. licheniformits*	3.00
D	*B. brevis*	2.40
F	*B. polymyxa*	1.90

Tabela 4: Efeito de diferentes pH do meio de fermentação na atividade de hidrólise do amido da celulase produzida por *Aspergillus niger*

pH	Reducing Sugar (Mg/ml)
0	0.00
2	1.10
3	1.50
4	2.40
5	4.30
6	1.80
7	1.20
8	1.00
9	0.80

Tabela 5: Alterações do pH do meio de fermentação durante a síntese da enzima pectinase por *Aspergillus repens*

Incubation period (Days)	pH
0	4.5
1	4.6
2	4.8
3	4.8
4	5.2
5	5.8
6	6.0
7	6.0

Tabela 6: Efeito da temperatura na enzima amilase produzida por espécies de *Bacillus*

Bacillus spp.	Temperature °C/Reducing sugars (Mg ml^{-1})								
	20	25	30	35	40	45	50	55	60
B. Subtils	0.8	1.3	1.4	1.8	3.2	4.8	4.0	3.7	3.0
B Pumilus	0.6	1.0	1.3	1.6	2.8	3.7	3.6	3.0	2.8
B. Licheniforms	0.8	1.0	1.3	1.9	3.0	4.0	3.8	3.6	3.0
B. polymyxa	0.8	1.2	2.0	3.0	3.8	3.2	3.0	2.9	0.6
B. brevis	0.8	1.3	1.5	2.0	2.8	4.5	4.0	3.6	3.2

Tabela 7: Efeito do pH na enzima amilase produzida por espécies de *Bacillus*

pH	Reducing Sugar (Mg l^{-1}) *Bacillus subtilis*	*Bacillus pumilis*	*Bacillus licheniforms*	*Bacillus polymyxa*	*Bacillus brevis*
2	0.38	0.40	0.37	0.39	0.41
3	0.91	0.87	0.92	0.87	0.90
4	1.10	1.00	1.14	1.10	1.20
5	1.50	1.60	1.67	1.67	1.87
6	2.30	2.70	2.82	2.92	2.10
7	3.40	3.60	3.80	3.30	3.10
8	3.00	2.80	3.00	3.00	2.80
9	2.70	2.60	2.50	2.60	2.60
10	2.00	2.40	2.00	2.40	2.20
11	1.80	2.00	1.70	1.94	1.87

Tabela 8: Efeito da temperatura (oC) na enzima celulase sintetizada por *Aspergillus niger*

Temperature (°C)	Reducing Sugar (Mg ml^{-1})
20	1.30
25	1.80
30	2.00
35	1.80
40	1.50
45	1.00
50	0.80
55	0.50
60	0.30

Tabela 9: Efeito do pH na atividade da enzima celulósica produzida por Aspergillus niger

pH	Reducing Sugar (mg/ml)
2	1.20
3	1.50
4	3.30
5	4.20
6	3.20
7	1.80
8	1.20
9	1.00

Tabela 10: Efeito da temperatura na atividade da enzima pectinase de Aspergillus repens

Temperature °C	Reducing Sugar (Mg ml^{-1})
20	1.20
25	1.30
30	2.20
35	3.00
40	2.50
45	2.00
50	1.30

Tabela 11: O efeito do pH na atividade da enzima pectinase por *Apergillus repens* isolado de fast food estragado

pH	Reducing Sugar (mg ml^{-1})
2	0.80
3	1.30
4	2.80
5	4.00
6	4.20
7	3.70
8	3.00
9	2.80
10	2.00

Capítulo 5

5.1 Discussão

As actividades das enzimas amilase, pectinase e celulase produzidas a partir de isolados microbianos de alimentos obsoletos foram estudadas e registadas para obter condições óptimas. Estas enzimas foram sintetizadas/produzidas extracelularmente a partir de microrganismos que foram recuperados de alimentos rápidos obsoletos. As enzimas mostraram condições óptimas devido ao efeito de várias mudanças de temperatura e pH. Estes resultados mostraram que houve um aumento gradual das actividades enzimáticas devido ao aumento da temperatura e dos valores de pH, mas também foi observada uma queda gradual para cada atividade. Os pontos de pico da reação onde começa a queda gradual foram registados como condições óptimas das actividades enzimáticas para a temperatura e o pH, respetivamente. Os estudos morfológicos das espécies de Bacillus isoladas das amostras de fast food foram demonstrados utilizando ágar de soja tripticase (Tabela 1). Apenas se obtiveram espécies de Bacillus formadoras de esporos, o que diferenciou a base da sua pigmentação com as suas caraterísticas coloniais (Dixon e Webb, 1971). Todos os vários Bacilli isolados eram bastonetes móveis, gram positivos e todos eram formadores de endosporos. Os isolados foram ainda submetidos a uma série de testes bioquímicos e de caraterização e foram identificados como *(A) Bacillus subtillus, (B) Bacillus pumilus, (C) Bacillus licheniformis, (D) Bacillus polymyxa e (E) Bacillus brevis* (Quadro 1*)*. Todos os isolados *de Bacillus* podiam hidrolisar o amido, o que serviu como um rastreio preliminar para confirmar a sua capacidade de produzir a enzima amilase. A capacidade de hidrolisar o amido também foi utilizada anteriormente para confirmar os microrganismos que degradam o amido (Oguntimein, 1993).

Os isolados *de Bacillus cereus* e *Bacillus subtilis*, de acordo com Owehe-Ureghe *et al.*, (1993), que possuem a capacidade de degradar alimentos ricos em amido prontos a comer, foram obtidos em Ekpoma. Os vários isolados de *Bacillus* foram analisados quanto à sua capacidade de produzir a enzima amilase. Pôde-se observar que os isolados de *Bacillus sustilis* apresentaram as concentrações mais elevadas de atividade de amilase, como demonstrado pelo seu elevado nível de absorvância ao degradar o açúcar redutor (Quadro 3). O isolado *B. polymyxa* registou a menor quantidade de atividade de amilase enquanto degradava o açúcar redutor da amilase e amiloglicosidases de espécies de microrganismos de fontes variadas (Quadro 6). Foram identificados estudos sobre a atividade da temperatura na enzima amilase de várias espécies de *Bacillus* (Kula, 1985). A enzima produzida por espécies de *Bacillus* teve uma atividade melhorada entre 20-45°C mas, no entanto, após 45°C, houve uma redução na atividade da enzima produzida pelos isolados devido à redução do açúcar redutor degradável (Quadro 6). Isto revelou que 45°C era a temperatura óptima para a atividade da enzima amilase produzida por todos os isolados. Oguntimein (1993) referiu que a amilase de *Bacillus Licheniformis* tinha uma temperatura óptima de 55°C. O resultado do efeito do pH sobre a atividade da enzima amilase produzida por várias espécies de Bacillus mostrou que a atividade da amilase obtida a partir das várias estirpes de bacilos mostrou um aumento constante da atividade de pH 2,0 a pH 7,0. Um valor de pH de 7,0 foi, por conseguinte, considerado como o valor de pH ótimo para todas as espécies de *Bacillus* (quadro 7). No entanto, a partir do pH 7,0, observou-se uma queda gradual em todas as enzimas de amilase produzidas pelas várias espécies de *Bacillus*. Uma observação semelhante foi relatada por Oguntimein, (1993), onde as actividades máximas da amilase produzida por *Bacillus Licheniformis* se situavam a pH 4,8 e 9,2.

Além disso, as investigações dos primeiros trabalhadores relataram que *B. Licheniformis* M27, NClB6346 e CUMC305 registaram um pH ótimo para a sua atividade de amilase de 7,0, 9,0 e 9,5 respetivamente (Media e Chandia, 1980; Ramesh e Lonsane, 1989). Invariavelmente, os bolores isolados de alimentos rápidos estragados foram identificados como *Aspergillus niger* e *Aspergillus repens* (Quadro 2). Oyeleke e Odunwole (1999) relataram que o resultado da estabilidade à temperatura da amilase obtida de *Bacillus subtilis* revelou que a enzima permaneceu estável a 20 e 70°C. A estabilidade da enzima diminuiu a temperaturas superiores a 70°C. A atividade máxima foi exibida a 70°C com uma concentração de açúcar redutor de 0,57 mg/ml (Oyeleke e Odunwole, 1999). A capacidade de produzir a enzima celulose foi investigada em ágar celulose. A produção de massa de micélios e de uma zona de clareamento foi a sua seleção como isolado celulolítico. *O Aspergillus niger* produziu uma zona clara de 4,5 mm em ágar celulose. O efeito do pH durante a produção de celulose por *Aspergillus niger* revelou que um aumento do pH até à neutralidade resultou num aumento da síntese enzimática até 5,0, após o que se observou um declínio acentuado da atividade enzimática para a enzima celulase bruta produzida pelo isolado (Quadro 4). Foram observadas alterações no pH do meio de fermentação durante a síntese de enzimas de pectinase, tendo-se registado um aumento constante do pH do meio desde o seu valor inicial de pH de 4,5 no dia o até 6,0 no sexto dia (Quadro 5). A produção de celulase foi afetada pela variação do pH, tal como referido por Garg e Neelakantan, (1981). Registou-se um aumento da produção de celulose entre pH 3,0 e pH 5,0 (Crieger e Crieger, 1989). Anthranikan, (1987) referiu que a maioria dos bolores e fungos filamentosos preferia uma gama de pH ácido para o crescimento e a produção de metabolitos.

O efeito da temperatura na síntese da enzima celulase por *Aspergillus niger* numa gama de temperaturas de 20°C-60°C foi monitorizado e observou-se que houve um aumento constante na síntese das enzimas a partir de 20°C-30°C, após o que se observou uma diminuição na síntese da enzima. A temperatura óptima para o produto da enzima celulase foi de 30 °C (Quadro 8). Um relatório semelhante de Stewart e Party (1981) apresentou resultados para uma estirpe termotolerante de *A. fumigatus* isolada de composto de jardim e um resultado semelhante para uma estirpe hemofílica de *Mucor* isolada de uma pilha de aparas de madeira auto-aquecida, identificada como *Mucor pusillus*. Foram observadas as mudanças de temperatura na atividade da enzima celulase produzida por *Aspergillus niger* e o resultado revelou que houve um aumento constante na atividade da enzima, sendo a temperatura óptima de 50oC, dando uma concentração de açúcar redutor de 4,8mg/ml (Quadro 8). O resultado obtido para a temperatura óptima de 50oC foi semelhante ao trabalho de Dusan *et al.*, 1997. O efeito do pH na atividade da enzima celulase produzida por *Aspergillus niger* foi observado e a atividade óptima foi registada a pH 6,0, dando uma concentração de açúcar redutor de 3,2 mg/ml (Quadro 9). Os resultados obtidos foram comparáveis à celulase de *Aspergillus niger*, tal como referido por Singh et al. (1990), com um intervalo de estabilidade enzimática de pH 4,0-6-0. Jaafaru e Fagade (2010) relataram que a produção de celulase de *Aspergillus niger* diminuiu com o aumento da temperatura, com o mínimo a 50°C de temperatura de crescimento. Jafaaru e Fagade (2010) também relataram que um aumento no pH inicial do meio de crescimento de até 5,0 aumentou a produção de celulase. Steiner *et* al. (1994) referiram anteriormente que valores de pH baixos ou elevados inactivam a enzima. Foram observadas e registadas as alterações do efeito da temperatura sobre a atividade da enzima pectinase produzida por *Aspergillus rapens*.

Verificou-se um aumento constante da atividade da enzima após a libertação gradual de açúcar redutor (Quadro 10). No entanto, observou-se que a temperatura óptima da sua atividade era de 35 °C com uma concentração de açúcar redutor de 3,0 mg/ml (Quadro 10). Além disso, foram observadas e registadas as alterações do pH na atividade da enzima pectinase. Os resultados mostram um aumento constante da atividade da enzima após o aumento do pH de 2,0 para 6,0. O pH ótimo para esta atividade da enzima pectinase foi, portanto, 6,0 com a produção resultante de uma concentração de açúcar redutor de 4,2mg/ml (Quadro 11). No entanto, um valor de pH superior a 6,0 foi acompanhado por uma queda na atividade da enzima pectinase. Okafor *et al.*, (2010) relataram o isolamento de estirpes de fungos pectinolíticos, incluindo *A. niger* e *P. chrysogenum*, a partir de resíduos de frutas e vegetais na metrópole de Lagos, Nigéria. O estudo utilizou farelo de trigo como um substrato adequado de baixo custo para a produção de pectinase pelas estirpes de *A. niger* e *P. chrysogenum*. Foram obtidos níveis mais elevados de atividade de pectinase.

5.2 Conclusões

As enzimas Amilase, Celulase e Pectinase foram produzidas a partir de diferentes bactérias e bolores isolados de diferentes amostras de alimentos em Lagos. Estas enzimas são de importância industrial na Nigéria e podem ser produzidas para apoiar as nossas indústrias locais. A produção destas enzimas a nível local promoverá a lei nigeriana relativa ao conteúdo local e reduzirá o custo da importação de enzimas industriais para a Nigéria. Não há dúvida de que os preços de custo dos produtos alimentares e industriais fabricados a partir destas enzimas serão acessíveis aos consumidores nigerianos. Esta tecnologia enzimática tem a grande promessa de ser transferida para os industriais de pequena e média dimensão na Nigéria. No entanto, o estudo foi capaz de produzir enzimas brutas (amilase, celulase e pectinase).

Os desafios da purificação de enzimas são principalmente a insuficiência de fundos para a investigação e a indisponibilidade de equipamento de biologia molecular. Isto exige a atenção do Governo e dos sectores privados organizados para a concessão de bolsas de investigação a académicos e agências nigerianos com o mandato de industrialização através da investigação em Enzimologia.

5.3 Recomendação

As agências reguladoras do sector alimentar devem estabelecer parcerias com as indústrias de fast food para garantir que os procedimentos de segurança alimentar estão a ser cumpridos. Isto pode ser feito quando se realiza um controlo de qualidade das matérias-primas, dos produtos acabados e do ambiente em geral. Os microrganismos são considerados seguros porque não causam problemas, mas isto está relacionado com as condições ambientais actuais. Por conseguinte, é muito necessário controlar o ambiente relacionado com os alimentos para garantir uma capacidade de adaptação microbiana limitada e, além disso, devem ser introduzidas novas técnicas para reduzir a deterioração dos alimentos.

Referências

Abd-Alla, M.H. e Mohmoud, A.L.E. (1994), Biodegration of plant waste to sugar and protein by microorganisms. J. Folia Microbio, 399: 222-224.

Abdulla, H. M. e El-Shatoury, S. A. (2007). "Actinomicetos na decomposição da palha de arroz", Waste Management, 27(6): 850-853.

Abu, E. A., Onyenekwe, P. C., Ameh, D. A., Agbaji, A. S e Ado, S. A. (2000) "Cellulase production from sorghum bran by Aspergillus niger SL:1: an assessment of pretreatment methods," in Proceedings of the International Conference on Biotechnology: Commercialization and Food Security (ICBCFS '00), 153-159, Abuja, Nigéria,.

Adney, W.S., Rivard, C.Y, Shading, M e Humel, M.E (1991). Anaerobic digestion of Lignocellulotic biomass and wastes, Celluloses and related enzymes. Appl. Biochem Biotechnol, 30:165-183.

Agrawal, P. B., Nierstrasz, V. A. e Warmoeskerken, M. M. C. G. (2008b). Papel da ação mecânica na lavagem de algodão a baixa temperatura com F. solani pisi cutinase e pectato liase. Enz Microb Technol 42: 472-483.

Agrawal, P. B., Nierstrasz, V. A., Bouwhuis, G. H. e Warmoeskerken, M. M. C. G. (2008a). Cutinase e pectinase na biotransformação do algodão: um processo de biotransformação inovador e rápido. Biocatal Biotransform 26: 412-421.

Ahlawat, S., Battan, B., Dhiman, S. S., Sharma, J. e Mandhan, R. P. (2007). Produção de pectinase e xilanase termoestáveis para a sua potencial aplicação no branqueamento de pasta kraft. J Ind Microbiol Biotechnol 34: 763-770.

Ahlawat, S., Dhiman, S. S., Battan, B., Mandhan, R. P. e Sharma, J. (2009). Produção de pectinase por Bacillus subtilis e sua potencial aplicação na biopreparação de tecidos de algodão e micropolíticos. Process Biochem 44: 521-526.

Ahlawat, S., Mandhan, R. P., Dhiman, S. S., Kumar, R. e Sharma, J. (2008). Potencial aplicação da pectinase alcalina de Bacillus subtilis SS na indústria da pasta e do papel. Appl Biochem Biotechnol 149: 287-293.

Akin, D. E., Condonb, B., Sohna, M., Foulk, J. A., Doddd, R. B. e Rigsby, L. L. (2007). Otimização para a retração enzimática do linho com pectato liase. Ind Crops Prod 25: 136-146.

Akinola, S. (1988). Produção de enzima pectinase a partir de farelo de arroz utilizando *Aspergillus repens*. Nig. J. Microbiol. 1.1: 60-64.

Aliaa, A. R. N., Mazlina, M. K. S. e Taip, F. S. (2010). Impacto das enzimas pectolíticas comerciais nas propriedades selecionadas do sumo de fruta do dragão branco. J Inst Eng Malásia 71: 25-31.

Angayarkanni, J., Palaniswamy, M., Murugesan, S. e Swaminathan, K. (2002). Melhoria da fermentação de folhas de chá com Aspergillus sp. pectinase. J Biosci Bioeng 94: 299-303.

Anisa, S. K. e Girish, K. (2014). Atividade pectinolítica de Rhizopus sp. e Trichoderma viride. Inter J Res Pure Appl Microbiol 4(2): 28-31.

Antai, S.P (1987). Produção de -amilase termoestável em cultura contínua por um novo isolado de *Clostriduim*. Appl. Environ. Microbiol. 53: 1668-1673.

Arambel, M. J., Weidmeier, R. D. e Walters, J. L. (1987). Influência da adaptação do animal dador à cultura de levedura adicionada e/ou ao extrato de fermentação de Aspergillus oryzae na fermentação ruminal in vitro. Nutr Rep Inter 35: 433-437.

Atallah, M.T Nagel, C.W.(1977). Química das Enzimas, Bioquímica, 1: 101-185.

Ayanleye, T.A. (1991). Produção microbiana de enzima pectinase a partir de resíduos agro-industriais utilizando Aspergillus repens. Tese de doutoramento. Departamento de Botânica e Microbiologia, Universidade de Lagos, Akoka.

Bailey, B. A. e Lumsden, R. D. (1998). "Diret efects of Trichoderma and Gliocladium on plant growth and resistance to pathogens," in Trichoderma & Gliocladium-Enzymes, G. F. Harman and C. P. Kubicek, Eds., vol. 2 of Biological Control and Commercial Applications, : 327-342, Taylor & Francis, London, UK.

Bailey, J.E. e Olis, D.F. (1986). Biochemical Engineering Fundamentals. 2nd Ed. Capítulo 3, McGraw-Hill.

Bajpai, P. (1999). Aplicação de enzimas na indústria da pasta e do papel. Biotechnol Prog 15:147-157.

Bajpai, P. e Bajpai, P. K. (1998). Deinking with enzymes: a review. Tappi J 81: 111-117.

Baker, J. O., McCarley, J. R. e Lovett, R. (2005). "Catalytically enhanced endocellulase Cel5A from Acidothermus cellulolyticus," Applied Biochemistry and Biotechnology A, 121(1-3): 129-148.

Baker, R. A. e Wicker, L. (1996). "Current and potential applications of enzyme infusion in the food industry," Trends in Food Science and Technology, 7(9): 279284, 1996.

Bamforth, C. W. (2009). "Perspectivas actuais sobre o papel das enzimas na produção de cerveja", Journal of Cereal Science, 50(3): 353-357.

Banu, A. R., Devi, M. K., Gnanaprabhal, G. R., Pradeep, B. V. e Palaniswamy, M. (2010). Produção e caraterização da enzima pectinase de Penicillium chrysogenum. Indian J Sci Technol 3(4): 377-381.

Bartowsky, E.J., Henschke, P.A., 2008. Deterioração por bactérias do ácido acético de vinho tinto engarrafado : A review. Int J Food Microbiol 125(1): 60-70

Bayer, E. A., Belaich, J. P., Shoham, Y. e Lamed, R. (2004). "The cellulosomes: multienzyme machines for degradation of plant cell wall polysaccharides," Annual Review of Microbiology, 58: 521-554.

Bayer, pH, Eisen, K. e Rougan, A. (1994). Celluloses free cell bound in *Cellulomas* spp. J. Gen. Microbiol. 107: 191-196.

Beguin, P e Aubert, J.P. (1992). Cellulose. In; Enciclopédia de Microbiologia J.

Liedersberg edn. Academic press Inc. Orlando Florida.

Beldman, G., Rombouts, F. M., Voragen, A. G. J. e Pilnik, W. (1984). Aplicação de celulase e pectinase de origem fúngica para a liquefação e sacarificação de biomassa. Enz Microbiol Technol 6: 503-507.

Bernardez, T. D., Lyford, K., Hogsett, D. A. e Lynd, L. R. (1993). "Adsorption of Clostridium thermocellum cellulases onto pretreated mixed hardwood, Avicel, and lignin," Biotechnology and Bioengineering, 42(7): 899-907.

Bernava, A., Reihmane, S. e Strazds, G. (2015). Influência da enzima pectinase Beisol PRO na retração de fibras de cânhamo. Proc Estonian Acad Sci 64(15): 77-81.

Bernfield, P. (1985). Enzimas de degradação e síntese de amido. Adv. Enzymol. 12: 379-428.

Bertram, P. (1985). Fast food operation. Bame and Jenkins Limited, Londres. Pp 69-70.

Bhat, M. K. (2000). "Cellulases and related enzymes in biotechnology," Biotechnology Advances, 18(5): 355-383.

Bhat, M. K. (2000). Cellulases and related enzymes in biotechnology. Biotechnol Adv 18: 355-383.

Bhattacharya, S. K. e Paul, N. B. (1976). Suscetibilidade do rami com diferentes teores de goma a danos microbianos. Curr Sci 45: 417-418.

Bhikhabhai, R.G., Johansson, S. e Petterson, G. (1984). Isolamento de enzimas celulolíticas de *Trichoderma reesei* QM 9419. J. Appl. Biochem, 6: 336-345.

Birch, G.G e Schallenberger, R.S (1973). Molecular Structure and Function of Food Carbohydrates' (G.G Birch e L.F Green-Eds.). Applied Science Publishers, Londres, : 9.

Bisaria, V.S. e Mishra, S. (1989). Aspeto regulador da biossíntese e secreção de celulose CRC. Crit. Rev. Biotechnol., 9: 61-131.

Biz, A., Farias, F. C., Motter, F. A., de Paula, D. H., Richard, P., Krieger, N. e Mitchell, D. A. (2014). Determinação da atividade da pectinase: uma desaceleração precoce no liberação de açúcares redutores lança uma chave inglesa nas obras. Plos One 9(10): e109529.

Blunt, M. K. (2000). Cellulases and related enzymes in biotechnology. Biotechnol Adv 18:355-383 Bosso A (1993) On-skin maceration during white wine making in the presence of pectolytic enzyme preparations. Vini d' Italia 34: 25-40.

Boschwitz, H., Milner, Y., Keynan, A Halvorson, H.O e Troll. W. (1983). Effect of inhibitors of trypsin-like protecolytic enzyme Bacillus ceretus T spore germination. J. Bacteriol., 153: 700-70

Bowen, R. M. e Harper, S. H. T. (1990). "Decomposição de palha de trigo e compostos relacionados por fungos isolados de palha em solos aráveis", Soil Biology and Biochemistry, 22(3): 393-399.

Braddock, R. J. (1981). Tratamento com pectinase do sumo de laranja cru e subsequentes alterações de qualidade no concentrado de 60 brix. Proc Fla State Hort Soc 94: 270-273.

Brayan, F.L. e Bartelson, C.A (1991). Operações de serviços alimentares de estilo mexicano, análise de perigos, pontos críticos e monitorização. J. Food Protec., 48: 509-524.

Brayan, F.L. e Bartelson, C.A. e Christopher. N. (1985). Hazard analysis in reference to Bacillus cereus of boiled and fried rice in Cantonese-style restaurants. J. Food Protec., 44: 500- 512.

Breznak, J. A. (1982). Microbiota intestinal de térmitas e outros insectos xilófagos. Appl. Rev. microbiol., 36: 323-343.

Bruhlmann, F., Kim, K. S., Zimmerman, W. e Fiechter, A. (1994). Enzimas pectinolíticas de actinomicetos para a degomagem de fibras de ramie bast. Appl Environ Microbiol 60: 2107-2112.

Callihan, D. S. e Clemmer, G. S. (1979). Bioconversão de palha de trigo e componentes do trigo em proteínas unicelulares. C. J. Microbiol, 25: 793-800.

Canales, A. M., Garza, R., Sierra, J. A. e Arnold, R. (1988). "A aplicação de beta-glucanase com actividades secundárias adicionais no fabrico de cerveja", MBAA Technical Quarterly, (25): 27-31.

Carr, J. G. (1985). Chá, café e cacau. In: Wood BJB (ed) Microbiology of fermented foods. Londres, Reino Unido, Elsevier Applied Science, : 133-154.

Carvalho, L. M. J., Deliza, R., Silva, C. A. B., Miranda, R. M. e Maia, M. C. A. (2003). "Identificação das condições de processamento adequadas pelos consumidores para sumo de ananás utilizando tecnologia de membranas", Journal of Food Technology, 1: 150-156

Cejka, A. (1985). Preparação de meios. *In*: Biotecnologia, Fundamentos da Engenharia Bioquímica. República Federal da Alemanha, Weiheim: 629-698.

Chander, K. R., Mehta, G., Gupta, R. e Sharma, K. K. (2010). "Fed batch enzymatic saccharification of newspaper cellulosics improves the sugar content in the hydrolysates and eventually the ethanol fermentation by Saccharomyces cerevisiae," Biomass and Bioenergy, 34(8): 1189- 1194.

Chaudhri, A. e Suneetha, V. (2012). Pectinases de origem microbiana: uma revisão. J Pharm Biol Sci 2: 01-05.

Chen, Q., Jin, Y., Zhang, G., Fang, Y., Xiao, Y. e Zhao, H. (2012). Melhoria da produção de bioetanol a partir de lentilha de água (Landoltia punctata) por pré-tratamento com pectinase. Energias 5: 3019-3032.

Chet, I., Benhamou, N. e Haran, S. (1998). "Mycoparatism and lytic enzymes," in Trichoderma and Gliocladium-Enzymes, G. F. Harman and C. P. Kubicek, Eds., vol. 2 of Biological Control and Commercial Applications, pp. 327-342, Taylor & Francis, London, UK.

Chiacchierini, E., Mele, G., Restuccia, D. e Vinci, G. (2007). "Avaliação do impacto de tecnologias de extração inovadoras e sustentáveis na qualidade do azeite," Trends in Food Science and Technology, 18(6): 299-305.

Clarke, P.H. e Cowans, S.T. (1952). Biochemical methods for bacteriology (Métodos bioquímicos para bacteriologia). J Gen Microbiol. 6(1-2): 187-197.

Collares, R. M., Miklasevicius, L. V. S., Bassaco, M. M., Salau, N. G. P., Mazutti, M. A., Bisognin, D. A. e Terra, L. M. (2012). Otimização da hidrólise enzimática da mandioca para obtenção de açúcares fermentáveis. J Zhejiang Univ Sci B (Biomed & Biotechnol) 13(7): 579-586.

Cortez, J. M., Ellis, J. e Bishop, D. P. (2002). "Using cellulases to improve the dimensional stability of cellulosic fabrics," Textile Research Journal, 72(8): 673680.

Coughlan, M. P. (1985). The properties of Fungal and bacterial cellulases with comment on their production an application. *In:* Biotechnology and Genetic Engineering Reviews, Vol.3. (Russel, G.E-Ed), Intercept Ltd. Newcastle Upon Tyne, Reino Unido, : 39-109.

Coughlan, M. P. (1991). Mecanismo de degradação da celulose por fungos e bactérias. Anim. feeds Sci. Technol., 32: 7-100.

Couri, S., Terzi, S. C., Gustavo, A., Pinto, S., Freitas, S. P. e Augusto, A. C. (2000). Produção de enzimas hidrolíticas em fermentação em estado sólido por Aspergillus niger 3T5B8. Process Biochem 36: 255-261.

Cove, D.J. (1966). A indução e repressão da nitrato redutase no fungo *Aspergillus nidulans*. Bichim. Biophys. Ata. 113(1): 51-56.

Cowan, W. D. (1996). "Animal feed," in Industrial Enzymology, T. Godfrey and S. West, Eds., pp. 360-371, Macmillan Press, London, UK, 2nd edition.

Craigie J. (1931). Estudos sobre as reacções serológicas da flarela de *B. typhosus*. J. Immnol., 21: 417-511.

Crieger, W e Crigere, A. (1989). Biotecnologia. *In*: Um livro de texto sobre microbiologia industrial. 1st Edn. John Wiley and Sons. Inc. Nova Iorque. Londres: 161-181.

Croaka, S. e Corredig, M. (2006). O papel da pectina na estabilização do sumo de laranja: efeito da pectina metilesterase e da atividade da pectinase no tamanho das partículas de nuvem. Food Hydrocoll 20: 961-965.

D. De Faveri, D., Aliakbarian, B., Avogadro, M., Perego, P. e Converti, A. (2008).Improvement of olive oil phenolics content by means of enzyme formulations: effect of different enzyme activities and levels," Biochemical Engineering Journal, 41(2): 149-156, 2008.

Dang, B. K., Huynh, T. V. e Le, V. V. M. (2012). Tratamento simultâneo de purê de acerola por ultrassom e preparação de pectinase no processamento de suco de acerola: otimização da concentração de pectinase e tempo pectolítico por metodologia de superfície de resposta. Int Food Res J 19: 509-513.

Das, A., Bhattacharya, S., Reddy, N. V. e Sundara, R. S. (2013). Produção e purificação aprimoradas de pectinase de Streptomyces sp. GHBA10 isolado do habitat de mangue de Valapattanam, Kerala, Índia. Int Res J Biol Sci 2(3): 16-22.

Das, S., Singh, S., Sharma, V. e Soni, M. L. (2011). "Aplicações biotecnológicas da enzima amilase industrialmente importante". International Journal of Pharma & Bio Sciences, 2 (1), março (2011).

de Carvalho, L. M. J., de Castro, I. M. e da Silva, C. A. B. (2008). Estudo da retenção de açúcares no processo de clarificação do sumo de ananás (Ananas comosus, L. Merril) por micro e ultrafiltração. J Food Eng 87: 447-454.

de Carvalho, L. M. J., de Castro, I. M. e da Silva, C. A. B. (2008). "Estudo da retenção de açúcares no processo de clarificação do sumo de ananás (Ananas comosus, L. Merril) por micro e ultrafiltração", Journal of Food Engineering, 87(4): 447-454.

De Vos, L. e plinik, W (1973). Microbial structure, *In;* process Biochemistry, Academic press. Londres. 8, 8: 118.

Dekker, R. F. H. (1979). Indução, localização e caraterização de B-glicose produzida por uma espécie de *Monilia*, J. Gen Microbiol. 127: 177-184.

Demir, H. e Tari, C. (2014). Valorização do farelo de trigo para a produção de poligalacturonase em SSF de Aspergillus sojae. Ind Crop Prod 54: 302-309.

Demir, H., Gogus, N., Tari, C., Heerd, D. e Lahore, M. F. (2012). Otimização dos parâmetros do processo para a utilização da casca de laranja para produzir poligalacturonase por fermentação em estado sólido a partir de uma cepa mutante de Aspergillus sojae. Turk J Biol 36:394-404.

Demir, N., Acar, J., Sariolu, M. e Mutlu M (2000). A utilização de pectinase comercial na indústria de sumos de fruta. Parte 3: pectinase imobilizada para tratamento do mosto. J Food Eng 47:275-280.

Deshpande, K. S. e Gurucharanam, K. (1985). Degumming of ramie fibres: role of cell wall degrading enzymes of Aspergillus versicolor. Indian J Botany 1:79-81.

Deswal, D., Khasa, Y. P. e Kuhad, R. C. (2011). "Otimização da produção de celulase por um fungo da podridão castanha Fomitopsis sp. RCK2010 em Fermentação de Estado Sólido," Bioresource Technology, vol. 102, n.º 10, pp. 6065-6072.

Dey, A., Karmakar, M. e Ray, R. R. (2011). Poligalacturonase extracelular termoestável de Bacillus sp. AD1. Der Pharm Lett 3(2): 358-367.

Dhiman, S. S., Garg, G., Mahajan, R., Garg, N. e Sharma, J. (2009). Processos enzimáticos de disposição única e disposição mista para o biobranqueamento de polpa kraft.

Bioresour Technol 100:4736-4741.

Dhiman, T. R., Zaman, M. S., Gimenez, R. R., Walters, J. L. e Treacher, R. (2002). "Performance of dairy cows fed forage treated with fibrolytic enzymes prior to feeding," Animal Feed Science and Technology, vol. 101, no. 1-4, pp. 115-125.

Dickinson, D.T. e Levy, J.F. (1992). Timber and forest products in Encyclopedia of Microbiology. J. Lederg- Ed. Academic press London.

Dienes, D., Egyhazi, A. e Eczey, K. R. (2004). "Treatment of recycled fiber with Trichoderma cellulases," Industrial Crops and Products, vol. 20, no. 1, pp. 11-21.

Dixon, M. e Webb, E. C. (1971). Enzymes, 2nd edn. Longman Group London. 4:67-188. Domsch, K., Gains, H e Anderson, T.H. (1980). Compendium of soil fungi. Imprensa académica. Academic press. Londres.

Doseberg, J. J. (1999). Pectic substances in fresh and preserved fruits and vegetables (Substâncias pécticas em frutos e legumes frescos e conservados). Comunicação IBTV nº 25, Institute for Research on Storage and processing of Horticultural procedure, Wageningen, Países Baixos.

Dourado, F., Bastos, M., Mota, M. e Gama, F. M. (2002). "Estudos sobre as propriedades do conjugado Celluclast/Eudragit L-100," Journal of Biotechnology, vol. 99, no. 2, pp. 121-131.

Drauz, K., Groger, H. e May, O. (Eds.) Enzyme catalysis in organic synthesis: a comprehensive Handbook, John Wiley & Sons, (2012),

Dusan, A., Arroux, P., Felhardo, C.O. e Anda, G. (1997). Enriquecimento proteico da polpa de beterraba sacarina em proteína unicelular, Applied Science, Publisher, London. Pp120- 123.

Painel dos Riscos Biológicos da EFSA (BIOHAZ), 2011. Scientific Opinion on Scientific Opinion on risk based control of biogenic amine formation in fermented foods (Parecer científico sobre o controlo baseado no risco da formação de aminas biogénicas em alimentos fermentados). Jornal da EFSA 9(10):2393

El-Batal, A. I., Osman, E. M. e Shaima, I. A. M. (2013). Otimização e caraterização da enzima poligalacturonase produzida por Penicillium citrinum irradiado por gama. J Chem Pharm Res 5(1):336-347.

Ellis, D. I. e Goodacre, R. (2006). Métodos quantitativos de deteção e identificação de deterioração microbiana, p. 3-27. Em Blackburn C.W. (ed.), Food Spoilage Microorganisms. Wood Head Publishing CRC Press

Eriksson, K.E (1979). Mecanismo das enzimas envolvidas na hidrólise da celulose pelos fungos da podridão branca Sporotichum pulverulentum. J. Biotechnol Bioenger. 20:317-322.

Eriksson, K.E. e Hamp, S.G. (1978). Regulação da produção de endol 1,4-glucanse em S. pulverilentum Enr. J. Bichem. 90: 183-190.

Eriksson, K.E. Balanchette, R.A. e Andner, P. (1990).Microbiological and Enzymatic Degradation of wood and Wood components. Springer VAlag Berlin. 92pp.

Esfandiari, A. (2007). Propriedades mecânicas de compósitos de PP/juta e fibras de vidro: a investigação estatística. J Appl Sci 7:3943-3950.

Esterbauer, H.H. Jungschaffer, G. TAnfranzhofer, E e Schurz J (1983a). conversão enzimática de material lignocelulósico em açúcares. J. wood Chem. Technol. 3:121-287.

Esumeh, F.I., Audu, R.A., Odugbemi, T., Odujinrin, O.M.T., Oyerinde, J.P.O. e Akintoye. C.O. (1991). Níveis de contaminação facial, sobrevivência de *Salmonella typhi* e alterações de pH no gari e os seus potenciais riscos para a saúde em Lagos. Nig. Med. J. 21 (384):86-89.

Fleet, G. H. (2007). Leveduras em alimentos e bebidas: impacto na qualidade e segurança do produto. Curr Opin Biotechnol. 18(2):170-5

Flynn, J. e Waitkins, S.A. (1972). Um meio sem soro para testar reacções de fermentação em Neisseria gonorrhoeae. J. clin. Pathol. 25 (6): 525-527.

Fontaine, S., Bardoux, G., Benest, D., Verdier, B., Mariotti, A. e Abbadie, L. (2004). "Mechanisms of the priming effect in a Savannah Soil amended with cellulose," Soil Science Society of America Journal, vol. 68, no. 1, pp. 125-131.

Forarty, W.M. e Kelly, C.T. (1990) Recent Advance in Microbial Amylases. In: Microbial Enzymes and Biotechnology, 2nd Edn. (Forgarty, W.M. and Kelly. C.T. Eds.) Ellsevier Applied Science, London. Pp71-132.

Fortun-Lamothe, L., Gidenne, T., Debray, L. e Chalaye, F. (2001). "Intake regulation, performances and health status according to feeding strategy around weaning," in Proceedings of the Second Meeting of COST 848 Working Group 4, pp. 40-41.

Frank, M. R. e Walter, P. (1980). Enzimas pécticas. In: Microbial enzymes and Bioconversion, Economic Microbiology. Imprensa académica, Londres. 5:269-272.

Frazier, W.C. e Weshoff, D.C (1988). Food microbiology (4th Edition). Mcgraw Hill Book Compay, Singapura.

Friedrich, J., Cimerman, A. e Steiner, W. (1990). Produção de enzimas pectolíticas por Aspergillus niger, efeito do tamanho do inóculo e hexacianoferrato de potássio II-tri-hidratado. Appl Microbiol Biotechnol 33:377-381.

Gado, H. M., Salem, A. Z. M., Robinson, P. H. e Hassan, M. (2009). Influência de enzimas exógenas na digestibilidade dos nutrientes, na extensão da fermentação ruminal, bem como na produção e composição do leite em vacas leiteiras. Anim Feed Sci Tech 154:36-46.

Galante, Y. M., DeConti, A. e Monteverdi, R. (1998) "Application of

Trichoderma enzymes in food and feed industries", em Trichoderma and

Gliocladium-Enzymes, G. F. Harman e C. P. Kubicek, Eds., vol. 2 de Biological Control and Commercial Applications, pp. 311-326, Taylor & Francis, Londres, Reino Unido.

Garg. S.K. e Neelakantan, S. (1981). Effect of nutritional factors of cellulase enzyme and microbial protein production in A. terreus and its evaluation. J. Biotechnol. Bioengr., 24 109-114.

Gehm, K.W. (1996). Produção de proteínas por fungos termofílicos a partir da fermentação em estado sólido da beterraba sacarina. Biotech. Bioengr. 13:101-156.

Ghorai, S., Banik, S. P., Verma, D., Chowdhury, S., Mukherjee, S. e Khowala, S. (2009). Fungal biotechnology in food and feed processing (Biotecnologia fúngica no processamento de alimentos e rações). Food Res Int 42:577-587.

Ghose, P. e Singh, A. (1993). Physiochemical and Biological treatments for

Enzymatic and Microbial conversion of lignocellulose biomass. Adv. Appl. Microbiol 39:295-333.

Ghose, T. K. e Bisaria, J. S. (1979). Studies on The Enzymatic Mechanism of enzymatic Hydrolysis of cellulose substances (Estudos sobre o mecanismo enzimático da hidrólise enzimática de substâncias celulósicas). J. Biotechnol-beoengr. 11:131-146.

Ghosh, P. e Singh, A. (1993). "Tratamentos físico-químicos e biológicos para a conversão enzimática/microbiana de biomassa lignocelulósica", Advances in Applied Microbiology, vol. 39, pp. 295-333.

Gomes, I., Saha, R. K., Mohiuddin, G. e Hoq, M. M. (1992). Isolamento e caraterização de um fungo termofílico pectinolítico e hemicelulolítico isento de celulase. World J Microbiol Biotechnol 8:589-592.

Gomes, J., Zeni, J., Cence, K. e Toniazzo, G. (2011). Avaliação da produção e caraterização de poligalacturonase por Aspergillus niger ATCC 9642. Foods Bioprod Process 89(4):281-287.

Graham, H. e Balnave, D. (1995). "Dietary enzymes for increasing energy availability", em Biotechnology in Animal Feeds and Animal Feedings, R. J. Wallace e A. Chesson, Eds., pp. 296-309, VHC, Weinheim, Alemanha.

Grassin, C. e Fauquembergue, P. (1996). "Fruit juices," in Industrial Enzymology, T. Godfrey and S. West, Eds., pp. 226-264, MacMillan Press, London, UK, 2nd edition.

Gritzali, M. e Brown, R. D Jnr. (1979). O sistema de celulose de *Trichoderma* sp.

Adv. Chem. Ser., 181:237-260.

Guo, F., Zou, M., Li, X., Zhao, J. e Qu, Y. (2013). Uma enzima de degomagem eficaz de bacillus sp. y1 e ação sinérgica de peróxido de hidrogênio e protease na degomagem enzimática de fibras de rami. BioMed Res Int. doi:10.1155/2013/212315.

Gupta, R., Gigras, P., Mohapatra, H., Goswami, V. K. e Chauhan, B. "Microbial a-amylases: a biotechnological perspective", Process Biochemistry, 38 (11), 15991616.

Gupta, R., Khasa, Y. P. e Kuhad, R. C. (2011). "Avaliação dos métodos de pré-tratamento para melhorar a sacarificação enzimática de materiais celulósicos", Carbohydrate Polymers, vol. 84, pp. 1103-1109.

Gupta, R., Mehta, G., Khasa, Y. P. e Kuhad, R. C. (2010). "A deslignificação fúngica da biomassa lignocelulósica melhora a sacarificação da celulose", Biodegradation, vol. 22, no. 4, pp. 797-804.

Gupta, R., Sharma, K. K. e Kuhad, R. C. (2009). "Separate hydrolysis and fermentation (SHF) of *Prosopis juliflora,* a woody substrate, for the production of cellulosic ethanol by *Saccharomyces cerevisiae* and *Pichia stipitis-NCIM* 3498," Bioresource Technology, vol. 100, no. 3, pp. 1214-1220.

Han, W. e He, M. (2010). "A aplicação de celulase exógena para melhorar a fertilidade do solo e o crescimento das plantas devido à aceleração da decomposição da palha", Bioresource Technology, vol. 101, n.º 10, pp. 3724-3731.

Harkki, A., Uusitalo, J., Bailey, M., Penttila, M. e Knowles, J. K. C. (1989). "A novel fungal expression system: secretion of active calf chymosin from the filamentous fungus Trichoderma reesei," Biotechnology, vol. 7, no. 6, pp. 596603.

Harman, G. E. e Bjorkman, T. (1998). "Potential and existing " uses of Trichoderma and Gliocladium for plant disease control and plant growth enhancement," in Trichoderma and Gliocladium, C. P. Kubicek and G. E. Harman, Eds., vol. 2, pp. 229-265, Taylor and Francis, London, UK.

Harman, G. E. e Kubicek, C. P. (1998). Trichoderma e Gliocladium: Enzymes, vol. 2 de Biological Control and Commercial Applications, Taylor & Francis, Londres, Reino Unido.

Harrigan, W. F. e McCanece, M. (1982). Laboratory methods in food and drug microbiology. Academic press, Inc. Limited, Londres. Pp452.

Hartzell, M. e Durrant, S. K. (2000). A eficiência da lavagem de pectinase com agitação para melhorar a molhabilidade do tecido de algodão. Text Chem Colo Am D 32:86-90.

Hebeish, A. e Ibrahim, N. A. (2007). "O impacto das ciências da fronteira na indústria têxtil", Colourage, vol. 54, pp. 41-55.

Henrissat, B., Teeri, T. T. e Warren, R. A. J. (1998). "A scheme for designating enzymes that hydrolyse the polysaccharides in the cell walls of plants", FEBS Letters, vol. 425, no. 2, pp. 352- 354.

Hollander, R. Bohmann, J. A e Grewing, B. (1982). Die Verstarkung der Voges-Proskauer-Reaktion durch Fumarat.-Zbl. Bakt. Hyg, I. Abt. Orig. A. 252:316-323

Hoondal, G. S., Tewari, R. P., Tewari, R., Dahiya, N. e Beg, Q. K. (2002). Pectinases alcalinas microbianas e suas aplicações industriais: uma revisão. Appl Microbiol Biotechnol 5:409-418.

Hossain, A. B. M. S., Ahmed, S. A., Ahmed, M. A., Faris, M. A. A., Annuar, M. S. M, Hadeel, M. e Norah, H. (2011). Produção de bioetanol combustível a partir de banana podre como uma gestão de resíduos ambientais e energia sustentável. Afr J Microbiol Res 5(6):586-598.

Hrmova, M. L., Petrakova, E e Biely, P. (1991). Indução da enzima de degradação de celulose e xilano de A. terrus por homoheterodisacharides; composto de glicose e xilose. J. Gen. Mocrobiol. 137:541-547.

Hsu J. C. e Lakhani, N. N. (2002). "Method of making absorbed tissue from recycled waste paper", patente dos EUA 6413363.

Humpf, H. U. e Schreier, P. (1991). "Bound aroma compounds from the fruit and the leaves of blackberry (Rubus laciniata, L.)," Journal of Agricultural and Food Chemistry, vol. 39, no. 10, pp. 1830-1832.

Ibrahim, D., Weloosamy, H., Sheh, H. L. (2014). Utilização potencial do método de fixação de cubos de esfregão de nylon para a produção de pectinase por Aspergillus niger HFD5A-1. Proc Biochem 49:660-667.

Ibrahim, N. A., El-Badry, K., Eid, B. M. e Hassan, T. M. (2011). "Uma nova abordagem para o bioacabamento de tecidos contendo celulose usando celulases ácidas", Carbohydrate Polymers, vol. 83, no. 1, pp. 116-121.

Iconomou, D., Arapoglou, D. e Israilides, C. (2010). Melhoria dos antioxidantes fenólicos e das caraterísticas de qualidade do azeite virgem com a adição de enzimas e azoto durante o processamento da pasta de azeitona. Grasas Aceites 61:303-311.

Inar, I. C. (2005). "Effects of cellulase and pectinase concentrations on the colour yield of enzyme extracted plant carotenoids," Process Biochemistry, vol. 40, no. 2, pp. 945-949.

Irshad, M., Anwar, Z., Mahmood, Z., Aqil, T., Mchmmod, S. e Nawaz, H.

(2014). Bio-processamento de resíduos agro-industriais de casca de laranja para produção induzida de pectinase por Trichoderma viridi; sua purificação e caraterização. Turk J Biochem 39(1): 9-18.

Jafaaru, M. I. e Fagade, O. E. (2010). Estudos de otimização da produção da enzima celulase por uma estirpe isolada de espécies de *Aspergillus*. Afr. J. Microbiol. Res., 4(24): 2635-2639.

Jayani, R. S., Saxena, S. e Gupta, R. (2005). Enzimas pectinolíticas microbianas: uma revisão. Process Biochem 40:2931-2944.

Johnson, A. A., Ayodele, O. S., Afolake, O. e Christiana, O. M. (2012).

Produção de celulase e pectinase a partir de cascas de laranja por fungos. Nat Sci 10:107112.

Jozican, F., Merman, G. e Anto, P. (1987). Mistura de *A. awamori e T. reseei* para a bioconversão de resíduos da destilaria de maçã. Appl. Microbiol. Biotech. 26.4:2999303.

Kalantzi, S., Mamma, D., Kalogeris, E. e Kekos, D. (2010) Propriedades melhoradas dos tecidos de algodão tratados com lipase e a sua combinação com pectinase. Fibres Text East Eur 18:86-92.

Kapoor, M., Beg, Q. K., Bhushan, B., Singh, K., Dadhich, K. S. e Hoondal, G. S. (2001). Aplicação de uma poligalacturonase alcalina e termoestável de Bacillus sp. MG-cp-2 na degomagem de fibras de rami (Boehmeria nivea) e cânhamo (Crotalaria juncea). Process Biochem 36:803-807.

Karapinar, E. e Sariisik, M. O. (2004). Lavagem de algodão com celulases, pectinases e proteases. Fibres Text East Eur 12:79-82.

Kareem, S. O. e Adebowale, A. A. (2007). Clarificação de sumo de laranja por pectinase fúngica bruta de casca de citrinos. Niger Food J 25(1):130-136.

Karmakar, M. e Ray, R. R. (2011). "Current trends in research and application of microbial cellulases," Research Journal of Microbiology, vol. 6, no. 1, pp. 4153.

Kashyap, D. R., Chandra, S., Kaul, A. e Tewari, R. (2000). Produção, purificação e caraterização da pectinase de um Bacillus sp. DT7. World J Microbiol Biotechnol 16:277-282.

Kashyap, D. R., Soni, S. K. e Tewari, R. (2003). Produção melhorada de pectinase por Bacillus sp. DT7 utilizando fermentação em estado sólido. Bioresour Technol 88(3):251-254.

Kashyap, D. R., Vohra, P. K., Chopra, S. e Tewari, R. (2001a). Applications of pectinases in the commercial sector: a review. Bioresour Technol 77:215-227.

Kashyap, D. R., Vohra, P. K., Soni, S. K. e Tewari, R. (2001b). Degomagem de fibras liberianas de buel (Grewia optiva) por enzima pectinolítica de Bacillus sp. DT7. Biotechnol Lett 23:1297-1301.

Kaur, A., Mahajan, R., Singh, A., Garg, G. e Sharma, J. (2010). Application of cellulase-free xylano-pectinolytic enzymes from the same bacterial isolate in biobleaching of kraft pulp. Bioresour Technol 101:9150-9155.

Kaur, A., Mahajan, R., Singh, A., Garg, G. e Sharma, J. (2011). Uma metodologia nova e económica para o rastreio qualitativo de microrganismos xilano-pectinolíticos alcalotermofílicos sem celulase utilizando resíduos agrícolas. World J Microbiol Biotechnol 27:459-463.

Kertesz, Z. (1930). Um novo método de clarificação enzimática do sumo de maçã não fermentado. Estação de Experimentação Agrícola do Estado de Nova Iorque (Genebra). US. Patente 1.932.833. Bull. No. 689.

Khan, M., Nakkeeran, E. e Kumar, S. U. (2013). Aplicação potencial da pectinase no desenvolvimento de alimentos funcionais. Ann Rev Food Sci Technol 4:21-34.

Kirk, T. K. e Jefferies, T. W. (1996). Role of microbial enzymes in pulp and paper processing. In: Jefferies TW, Viikari L (eds) Enzymes for pulp and paper processing. ACS symposium series. American Chemical Society, Washington DC, pp 1-14.

Klug-Santner, B. G., Schnitzhofer, W., Vrsanska, M., Weber, J., Agrawal, P. B., Nierstrasz, V. A. e Guebitz, G. M. (2006). Purificação e caraterização de uma nova pectato liase de Bacillus pumilus BK2. J Biotechnol 121:390401.

Konsoula, Z. e Liakopoulou, K. M. (2007). "Coprodução de alfa-amilase e beta-galactosidase por Bacillus subtilis em substratos orgânicos complexos". Bioresource Technology, 98, 150- 157.

Kothari, M. N. e Baig, M. M. V. (2013). Produção e caraterização de poligalacturonase extracelular por Erwinia carotovora MTCC 1428. Int J Adv Biotechnol Res 4(1):981-998.

Kubiek, C. P., Messner, R., Guber, F., Match, R.L. Kubicek praz, E.M. (1993). O puzzle regulador da celulose de *Trichoderma* a partir da vida do fungo secretor, Appl. Microbiol., 21:319-321.

Kuhad K. C. e Singh, A. (1993). "Lignocellulose biotechnology: current and future prospects," Critical Reviews in Biotechnology, vol. 13, no. 2, pp. 151-172.

Kuhad, R. C., Gupta, R. e Khasa, Y. P. (2010). "Bioethanol production from lignocellulosic biomass: an overview," in Wealth from Waste, B. Lal, Ed., Teri Press, New Delhi, India.

Kuhad, R. C., Gupta, R., Khasa, Y. P. e Singh, A. (2010). "Bioethanol production from Lantana camara (red sage): pretreatment, saccharification and fermentation," Bioresource Technology, vol. 101, no. 21, pp. 8348-8354.

Kula, M. R. (1985). Operações de recuperação. *In*: Biotecnologia, Fundamentos de Bioengenharia. República Federal da Alemanha, Verlagsgesellschaft. 2:725-760.

Kumar, R. e Wyman, C. E. (2009). "Effect of additives on the digestibility of corn stover solids following pretreatment by leading technologies," Biotechnology and Bioengineering, vol. 102, no. 6, pp. 1544-1557.

Lang, C. e, Dornenburg, H. (2000). Perspectivas da função biológica e da aplicação tecnológica das poligalacturonases. Appl Microbiol Biotechnol 53:366-375.

Lee, D., Yu, A. H. C. e Saddler, J. N. (1995). "Evaluation of cellulase recycling strategies for the hydrolysis of lignocellulosic substrates", Biotechnology and Bioengineering, vol. 45, no. 4, pp. 328-336.

Lenting, H. B. M., Zwier, E. e Nierstrasz, V. A. (2002). Identificação de parâmetros importantes para um processo contínuo de bioscorrimento. Text Res J 72:825-831.

Leschine, S.B. (1995). Degradação da celulose em ambientes anaeróbios. Appl. Rev. Microbiol. 49: 299-399.

Lewis, G. E., Hunt, C. W., Sanchez, W. K., Treacher, R., Pritchard, G. T. e Feng, P. (1996). "Effect of direct-fed fibrolytic enzymes on the digestive characteristics of a forage-based diet fed to beef steers," Journal of Animal Science, vol. 74, no. 12, pp. 3020-3028.

Li, Y. e Hardin, I. R. (1998). Limpeza enzimática de algodão - surfactantes, agitação e seleção de enzimas. Text Chem Color 30:23-29.

Lieu, L. N. e Le. V. V. M. (2010). Aplicação de ultrassom no tratamento de mosto de uva no processamento de suco. Ultrason Sonochem 17:273-279.

Lineweaver, H. e Ballou, G.A. (1945). Biochemistry. 6: 1-373.

Ljunghahi, L.G. e Ericksson, K.E. (1985). Ecologia da degradação da celulose microbiana. Adv. Microbial Ecol., 8:237-299

Lonsane, B. K. e Ramesh, M.V. (1990). Produção de amilase bacteriana termoestável por fermentação em estado sólido. In: A potential tool for achieving economy in enzyme production and starch hydrolysis. Adv. Appl. Microbiol. 35:101-156.

Lorito, M., Hayes, C. K., Di Pietro, A., Woo, S. L. e Harman, G. E. (1994). "Purificação, caraterização e atividade sinérgica de uma glucana 1, 3-beta-glucosidase e uma N-acetilbeta-glucosaminidase de Trichoderma harzianum," Phytopathology, vol. 84, no. 4, pp. 398-405.

Lu, H. (2005). Insights sobre o pré-tratamento enzimático do algodão. Int Dyer 190:10-13 Makky EA, Yusoff MM (2015) Bioeconomia: purificação de pectinases e aplicação de resíduos fermentados de Thermomyces lanuginosus. J Med Bioeng 4(1):76-80.

MacDonnell, L.R., JAneg, R., Jansen, E. F. e Lineweaver, H. (1950). Biochemstry. Arch. Biochem. and Biophy., 21:16-25.

Madharam, K.N. e Ashok, P. (1995). Fermentação do ácido glutamínico utilizando a bactéria Bacillus brevis DSM 20411. Agric. Biol. Chem., 30:585-589.

Makoto, O., Hajime, M., Yusud, K. e Senzo. S. (1988). O diagnóstico laboratorial da intoxicação alimentar bacteriana e a avaliação da qualidade sanitária dos alimentos. Tokyo Metropolitan of public Health. Pp69-76 Mandels, M. e Webers, J. (1969). A produção de celulose. Adv. Chem. Serv. 95:391-414.

Mandhania, S., Jain, V. e Malhotra, S. P. (2010). Otimização da cultura para aumentar a produção de pectina metilesterase microbiana em condições submersas. Asian J Biochem 5(1): 12-22.

Marimuthu, S., Manivel, L. e Katreem, A. A. (1997). Enzimas hidrolíticas na qualidade do chá feito. J Plant Crops 25:88-92.

Marimuthu, S., Senthilkumar, R. S., Balasubramanian, S., Rajkumar, R. e Christie, S. A. (2000). Efeito da adição de biopectinase na composição bioquímica do chá preto CTC. Recent Adv Plant Crops Res 28:265-269.

Marlatt, C., Ho, C. T. e Chien, M. (1992). "Estudos de constituintes aromáticos ligados como glicosídeos no tomate", Journal of Agricultural and Food Chemistry, vol. 40, n.º 2, pp. 249-252.

Martin, N., Guez, M. A. U., Sette, L. D., Da Silva, R. e Gomes, E. (2010). Produção de pectinase por um fungo termofílico brasileiro Thermomucor indicae- seudaticae N31 em fermentação em estado sólido e submersa. Microbiol 79(3):306- 313.

McGarvin, M., Forsberg, C.W. (1988). Isolamento e caraterização da endoglucanase I e III, J. Bacteriol. 170:2914-2922.

McGarvin, M., Forsberg, G.W., Crosby, A.W., Bell, Dignarg, L. e Thomas.

D.Y. (1989). Estrutura do gene da célula Z de Fibrobacte succiongenes 585 e caraterísticas do produto genético codificado, endoglucanase III, J. Bacteriol. 171:5587-5595.

Medda, S. e Chandia, A.K. (1980). Novas estirpes de *Bacillus licheniformis e Bacillus* coagulant produzem -amilase termoestável ativa a pH alcalino. J. Appl. Bacteriol. 48:47-58

Messner, R., Kubicek, E., Aranz, M., Gsur, A. e Kubicek, C.P. (1991). Cellobiohydrolase II é a principal celulose ligada a coindal em *Trichoderma reseei* e outras estirpes *de Trichoderma*. Arch. Microbiol. 155:601-606.

Milala, M. A., Shugaba, A., Gidado, A., ENe, A. C. e Wafar, J. A. (2005). "Estudos sobre a utilização de resíduos agrícolas para a produção de enzimas de celulase por Aspergillus niger", Research Journal of Agriculture and Biological Science, vol. 1, pp. 325-328.

Miller, N. J. e Rice-Evans, C. A. (1997). As contribuições relativas do ácido ascórbico e dos antioxidantes fenólicos para a atividade antioxidante total dos sumos de laranja e maçã e da bebida de groselha preta. Food Chem 60:331-337.

Millers, G.L.(1959). Utilização do ácido dinitrosalicílico para a determinação de açúcares redutores. Analytical Chemistry. 31:426-428.

Milner, Y. e Avigad, G. (1967). Carbohidratos, Res.J. Biotechnol. 4:101-358.

Minussi, R. C., Pastore, G. M. e Duran, N. (2002). "Potential applications of laccase in the food industry," Trends in Food Science and Technology, vol. 13, no. 6-7, pp. 205-216.

Moghe, V. V. e Nabar, P. S. (2006). Bio-scouring: uma forma ecológica de scouring. Colourage 53:95-96

Mohamadi, A. S., Shahbazi, S., Behgar, M., Fard, S. M. e Askari, H. (2014). Um estudo das alterações da atividade enzimática da pectinase em mutantes de Trichoderma reesei irradiados por gama. Intl J Farm Alli Sci 3(5):555-561.

Montegut, I.M. (1990) Aperfeiçoamento da técnica do brometo de acetilo para determinar a digestibilidade da lenhina e sua aplicação às leguminosas. J. Sci. Agric. 23: 1469-1493.

Morgan, F.J. e Priest, F.G. (1981). Caraterística de uma -amilase termoestável de *Bacillus licheniformis* NCIB 6346. J. Bacteriol. 50:107-144.

Mosier, N., Wyman, C. e Dale, B. (2005). "Features of promising technologies for pretreatment of lignocellulosic biomass", Bioresource Technology, vol. 96, n.º 6, pp. 673-686.

Murad, H. H., Hanfy, M. A., Kholif, A. M., Gawad, A. e Murad, H. A. (2009). Efeito da suplementação com celulases de algumas forragens grosseiras de baixa qualidade na digestão e produção de leite por cabras em lactação. J Biol Chem Environ Sci 4:791-809.

Murthy, P. S. e Naidu, M. M. (2011). Melhoria da fermentação do café robusta com enzimas microbianas. Eur J Appl Sci 3:130-139.

Murugesan, G. S., Angayarkanni, J. e Swaminathan, K. (2002). Efeito das enzimas fúngicas do chá na qualidade do chá preto. Food Chem 79:411-417.

NACMCF. (2010). Parâmetros para determinar a embalagem inoculada/estudo de desafio Protocolos. J Food Prot 73(1) 140-202

Naidu, G. S. N. e Panda, T. (1998). Produção de enzimas pectolíticas - revisão. Bioprocess Eng 19:355-361.

Niku-Paavola, M. L, Kilappalainen, A., Enari, T.M. e Nummi,M. (1986). Purificação da celobiohidrolase II de Trichoderma reesei por imunoadsorção e propriedades hidrolíticas. Biotecnologia Aplicada. Biochem., 71:9991007.

Norman, B.E. (1978). Microbial activities. Procedimentos da 83ª Reunião da Sociedade de Microbiologia Geral, Aberdeen. 83:157.

Nuebeek, C.E. (1975). Enzymes in Food Processing (G.Reed, ed.), 2nd Academic Press, New York. 397pp.

Oboh, G. (2005). "Isolamento e caraterização de amilase de águas residuais de mandioca fermentada (Manihot esculenta Crantz)". Revista Africana de Biotecnologia, 4 (10).

Oguntimein, G.B. (1993). Crescimento e produção de amilase por *Bacillus Licheniformis* isolado de resíduos de processamento de mandioca. J. Food Microbiol. 117:123146.

Okafor, U.A., Okochi, V.I., Nwodo-Chinedu, S., Ebuehi, O.A.T., e Onygeme-Okerenta 2010. Atividade pectinolítica de fungos filamentosos de tipo selvagem fermentados em resíduos agrícolas, Afr. J. Microbiol. Res., 4(24): 27292734.

Okodugha, S.A. e Obanu, A. (1989). Efeito da descrição do processamento na microflora da carne de vaca crua. Nig. Food. Journ, 7:39-49.

Oksanen, J., Ahvenainen, J. e Home, S. (1985). "Microbial cellulase for improving filterability of wort and beer," in Proceedings of the 20th European Brewery Chemistry Congress, pp. 419-425, Helsínquia, Finlândia.

Ortiz Escobar, M. E. e Hue, N. V. (2008). "Temporal changes of selected chemical properties in three manure-amended soils of Hawaii," Bioresource Technology, vol. 99, no. 18, pp. 8649-8654.

Owhe-Ureghe, M. B. Afe, O., Ekundayo, D., Agbonlahor, E., Obnoh, P. A. e Orhue, P. 1993. Exame bacteriológico de alguns alimentos prontos a comer comercializados em Ekpoma, Estado de Edo, Nigéria. Nig. Food Journ. 11:45-52.

Oyeleke, S. B. e Oduwole A. A. 2009. Produção de amilase por bactérias isoladas de lixeiras de resíduos de mandioca em Minna, Estado do Níger. Afr. J. Microbiol.

Res., 3(4): 143-146

Palaniyappan, M., Vijayagopa, V., Viswanathan, R. e Viruthagiri, T. (2009). Otimização estatística da fonte de substrato, carbono e azoto através da metodologia de superfície de resposta para a produção de pectinase utilizando Aspergillus fumigates MTCC 870 em fermentação submersa. Afr J Biotechnol 8(22):6355-6363.

Pandey, A., Nigam, P., Soccol, C. R. V. T., Soccol, V., Singh, D. e Mohan, R.

(2000). "Advances in microbial amylases" (Avanços nas amilases microbianas). Biotecnologia e Bioquímica Aplicada, 31, 135-152.

Pascual, J. J. (2001). "Recent advances on early weaning and nutrition around weaning," in Actas da 2ª Reunião do Grupo de Trabalho 4 do COST 848, pp. 31-36.

Pathak, P., Bhardwaj, N. K. e Singh, A. K. (2010). Enzymatic deinking of office waste paper: an overview. Ippta J 22:83-88.

Patil, N. P. e Chaudhari, B. L. (2010). Produção e purificação de pectinase por Penicillium sp. isolado do solo e procura de melhores agro-resíduos para a sua SSF. Recent Res Sci Technol 2(7): 36-42.

Patil, S. R. e Dayanand, A. (2006). Produção de pectinase a partir de cabeça de girassol sem sementes por Aspergillus niger em condições submersas e de estado sólido. Bioresour Technol 97:2054-2058.

Patist, A. e Bates, D. (2008). Inovações ultra-sónicas na indústria alimentar: do laboratório à produção comercial. Innov Food Sci Emerg Technol 9:147154.

Paul, E. A. 1992. Decomposição da matéria orgânica. *In*: Enciclopédia de Microbiologia, Lederberg. 12:352-378.

Paulo, A. C. e Gubitz, G. M. (2003). Textile Processing with Enzymes, Woodhead, Cambridge, UK.

Pazarlioglu, N. K., Sariis, M. e Telefoncu, A. (2005). "Treating denim fabrics with immobilized commercial cellulases," Process Biochemistry, vol. 40, no. 2, pp. 767-771.

Penttila, M. (1998) "Heterologous protein production in Trichoderma," in Trichoderma & Gliocladium-Enzymes, G. F. Harman e C. P. Kubicek, Eds., vol. 2 of Biological Control and Commercial Applications, pp. 365-382, Taylor & Francis, Londres, Reino Unido, 1998.

Percival, Z. Y. H., Himmel, M. E. e Mielenz, J. R. (2006). "Outlook for cellulase improvement: screening and selection strategies", Biotechnology Advances, vol. 24, no. 5, pp. 452- 481.

Pere, J., Puolakka, A., Nousiainen, P. e Buchert, J. (2001). "Action of purified Trichoderma reesei cellulases on cotton fibers and yarn," Journal of Biotechnology, vol. 89, no. 2-3, pp. 247-255.

Petersen, S. (2001) Enzimas para melhorar os nutrientes das plantas. Feed Mix 9:12-15.

Phutela, U., Dhuna, V., Sandhu, S. e Chadha, B. S. (2005). Produção de pectinase e poligalacturonase por um Aspergillus fumigatus termofílico isolado da decomposição de cascas de laranja. Braz J Microbiol 36(1):63-69.

Pilnik, W. e Voragen, A. G. J. (1993). Enzimas pécticas no fabrico de sumos. In: Nagodawithana T, Reed G (eds) Enzymes in food processing. Academic Press, Nova Iorque, pp 1462-1469.

Plinik, W. e Voragen, A. G. J. (1970). The Biochemistry of fruit and their products (A.C. Hulme, ed). Imprensa académica, Londres. Pp55.

Prasad, N. K. (2011). "Enzyme Technology: Pacemaker of Biotechnology", PHI Learning Pvt. Ltd., 2011.

Praveen, K. G. e Suneetha, V. (2014). Um cocktail enzimático-pectinase de lixeiras industriais de frutas: uma revisão. Res J Pharm Biol Chem Sci 5(2):1252-1258.

Praveen, K. G. e Suneetha, V. (2015). Eficácia da pectinase purificada a partir do bacilo VIT sun-2 e em combinação com xilanase e celulase para o rendimento e melhoria da clarificação de vários sumos culinários do sul da Índia para benefícios farmacêuticos e de saúde. Inter J Pharm Tech Res 7(3):448-452.

Pusic, T., Tarbuk, A. e Dekanic, T. (2015), Bio-inovação na limpeza de tecidos de algodão - pectinases ácidas e neutras. Fibres Text East Eur 1(109):98-103

Qureshi, A. S., Bhutto, M. A., Chisti, Y., Khushk, I., Dahot, M. U. e Bano, S. (2012). Produção de pectinase por Bacillus subtilis EFRL 01 em meio de xarope de tâmara. Afr J Biotechnol 11(62):12563-12570.

Rai, P., Majumdar, G. C., Das, S. e De, S. (2007). "Effect of various pretreatment methods on permeate flux and quality during ultrafiltration of mosambi juice," Journal of Food Engineering, vol. 78, no. 2, pp. 561-568.

Rajendran, R., Sundaram, S. K., Radhai, R. e Rajapriya, P. (2011). Bioscouring de tecido de algodão usando enzima pectinase sua otimização e comparação com o processo de lavagem convencional. Pak J Biol Sci 14:519-525.

Ramadan, M. F. e Moersel, J. T. (2007). Impacto do tratamento enzimático na composição química, propriedades físico-químicas e atividade de eliminação de radicais do sumo de goldenberry (Physalis peruviana L.). J Sci Food Agric 87:452-460.

Ramesh, M. V. e Lonsane, B. K. 1989. Fermentação em estado sólido para a produção de títulos mais elevados de alfa-almilase termoestável com dois picos de pH ótimo por Bacillus licheniformis M27. Biotechnol. Lett.11:49-52.

Ranalli, A., Pollastri, L., Contento, S Lucera, L. e Del Re, P. (2003).Enhancing the quality of virgin olive oil by use of a new vegetable enzyme extract during processing," European Food Research and Technology, vol. 216, no. 2, pp. 109115.

Reddy, L. V. e Reddy, O. V. S. (2009). Produção, otimização e caraterização do vinho de manga (Mangifera indica Linn.). Nat Prod Radiance 8:426-435.

Revilla I, Ganzalez-san jose ML (2003) Adição de enzimas pectolíticas: uma prática enológica que melhora a cromaticidade e a estabilidade dos vinhos tintos. Int J Food Sci Technol 38:29-36

Revilla, I. e Gonza'lez-SanJose,' M. L. (1998). Libertação de metanol durante a fermentação de uvas tintas tratadas com enzimas pectolíticas. Food Chem 63:307312.

Rexova-Benkova, L. e Markovic, O. 1976. Advances in carbohydrate Chemistry and Biochemistry (R.S. Tipson e D. Horton-Eds.). Imprensa académica, Nova Iorque. Pp323.

Rodriquez, A., Carcihero, A. perestello, F. Fuente, G de la Mistein, O., Falcon, M. A. 1994. Efeito de *Penincillum chrysogenum* numa transformação de ligina. Appl. Env. Micro. 60:2971-2976. Sarafiks, I. 1991. Determinações espectrofotométricas da atividade da amilase em solução colorida. J. Biochem. and Biophys. Mthds.22 :61-67.

Rombouts, F. M. e Pilnik, W. (1980). Enzimas pécticas. In: Rose AH (ed) Microbial enzymes and bioconversions, 5th edn. Academic Press, Londres, pp 227-272.

Roosdiana, A., Prasetyawan, S., Mahdi, C. e Sutrisno, S. (2013). Produção e caraterização da pectinase de Bacillus firmus. J Pure App Chem Res 2(1):35-41.

Sakamoto, k. e Konings, W. N. (2003). Bactérias de deterioração da cerveja e resistência ao lúpulo. Int J Food Microbiol. 89(2- 3):105-24.

Salariato, D., Diorio, L. A., Mouso, N. e Forchiassin, F. (2010). Extração e caraterização de poligalacturonase de Fomes sclerodermeus produzida por fermentação em estado sólido. Rev Argent Microbiol 42:57-62.

Saloheimo, M. e Niku-Paavola, M. L. (1991). "Produção heteróloga de uma enzima ligninolítica: expressão do gene da lacase de Phlebia radiata em Trichoderma reesei," Biotechnology, vol. 9, no. 10, pp. 987-990.

Saloheimo, M., Barajas, V., Niku-Paavola, M. L. e Knowles, J. K. C. (1989). "A lignin peroxidase-encoding cDNA from the white-rot fungus Phlebia radiata: characterization and expression in Trichoderma reesei," Gene, vol. 85, no. 2, pp. 343-351.

Sang, M. I. e Koo, Y. M. (2001). "Produção à escala-piloto de celulase utilizando Trichoderma reesei Rut C-30 em modo de lote alimentado", Journal of Microbiology and Biotechnology, vol. 11, n.º 2, pp. 229-233.

Schlesinger, J.I. (1991). Produção de Celulase e Zilanase por *Trichoderma resei.* F. 522 em palha de trigo pré-tratada. Ata Biotechnol. 8:509-515.

Scott, B. R., St-Pierre, P., Lavigne, L., Masri, N., White, T. C. e Tomashek, J. J. (2010). "Novas enzimas de celulase resistentes à lignina", patente dos EUA: 20100221778.

Seifollah, F. e Khodaverdi, G. (2013). Produção de pectina esterase por Aspergillus niger: otimização da condição de fermentação. J Basic Appl Sci Res 3(2):896-910.

Selinger, L. B., Forsberg, C. W. e Cheng, K. J. (1996). The rumen: a unique source of enzyme for enhancing livestock production (O rúmen: uma fonte única de enzimas para melhorar a produção animal). Anaerobe 2:236-284.

Senthilkumar, R. S., Swaminathan, K., Marimuthu, S. e Rajkumar, R. (2000). Enzimas microbianas para o processamento de folhas de chá. In: Muraleedharan N, Kumar RR (eds) Recent Adv Plant Crops Res. Allied publishers limited, India, pp 265-269.

Servili, M., Begliomini, A. L., Montedoro, G., Petruccioli, M. e Federici, F. (1992). Utilização de uma pectinase de levedura nos processos de extração de azeite e de elaboração de vinho tinto. J Sci Food Agric 58:253-260.

Sharma, A., Shrivastava, A., Sharma, S., Gupta, R. e Kuhad, R. C. (2013a).

Pectinase microbiana e sua aplicação. In: Singh A (ed) Kuhad RC.

Biotechnology for environmental management and resource recovery, Springer Science & Business Media, pp 107-124.

Sharma, D. C. e Satyanarayana, T. (2012). Potencial biotecnológico de resíduos agrícolas para a produção económica de pectinase termoalcalinizável por Bacillus pumilus dcsr1 por fermentação em estado sólido e a sua eficácia no tratamento de fibras de rami. Enz Res. doi:10.1155/2012/281384.

Sharma, N., Rathore, M. e Sharma, M. (2013b). Pectinase microbiana: fontes, caraterização e aplicações. Rev Environ Sci Biotechnol 12:45-60.

Sharma, S., Mandhan, R. P. e Sharma, J. (2012). Utilização de resíduos agroindustriais para a produção de pectinase pela nova cepa Pseudozyma sp. SPJ em cultivo em estado sólido. Ann Microbiol 62:169-176.

Sharyo, M., Sakaguchi, H. e Ohishi, M. (1978). "Método de fabrico de papel higiénico a partir de pasta química utilizando uma celulase de componente único que não contém domínio de construção de celulose", patente dos EUA 6468391, 1978.

Shrivastava, B., Thakur, S., Khasa, Y. P., Gupte, A,. Puniya, A. K. e Kuhad, R. C. (2011). "White-rot fungal conversion of wheat straw to energy rich cattle feed", Biodegradation, vol. 22, no. 4, pp. 823-831.

Siddiqui, M. A., Pande, V. e Arif, M. (2013). Produção de poligalacturonase de Rhizomucor pusillus isolado de mercados de frutas de Uttar Pradesh. Afr J Microbiol Res 7(3):252-259.

Silva, D., Martins, E. S., Da Silva, R. e Gomes, E. (2002). Produção de pectinase por Penicillium viridicatum RFC3 por fermentação em estado sólido utilizando resíduos agrícolas e subprodutos agroindustriais. Braz J Microbiol 33:318-324.

Sing, J., TAnsey, M.R. e Wood, S.I. (1990). Factores que influenciam a produção de celulose por *Aspergillus niger*. J. Gen. Microbiol. 125:33-39.

Singh, A., Kaur, A., Dua, A. e Ritu, M. (2015). Uma metodologia eficiente e melhorada para a triagem de micróbios xilanopectino-celulolíticos industrialmente valiosos. Enz Res. doi:10.1155/2015/ 725281.

Singh, A., Kuhad, R. C. e Ward, O. P. (2007). "Industrial application of microbial cellulases," in Lignocellulose Biotechnologgy: Future Prospects, R. C. Kuhad e A. Singh, Eds., pp. 345-358, I.K. International Publishing House, Nova Deli, Índia.

Singh, A., Kumar, P. K. R. e Schugerl, K. (1991). "Adsorção e reutilização de celulases durante a sacarificação de materiais celulósicos", Journal of Biotechnology, vol. 18, no. 3, pp. 205- 212.

Singh, A., Yadav, R. D., Kaur, A. e Mahajan, R. (2012). Uma metodologia enzimática económica e amiga do ambiente para a destintagem de resíduos de papel escolar. Bioresour Technol 120:322-327.

Singh, S. and Gupta, R. (2004) Apple juice clarification using fungal pectinolytic enzyme and gelatin. Indian J Biotechnol 3:573-576.

Singh, S. e Mandal, S. K. (2012). Otimização dos parâmetros de processamento para a produção de enzimas pectinolíticas a partir de resíduos de ananás fermentados de espécies mistas de Aspergillus. Jordan J Biol Sci 5(4):307-314.

Sivaramakrishnan, S., Gangadharan, D., Nampoothiri, K. M., Soccol, C. R. e Pandey, A. (2006). "a-Amylases from Microbial Sources--An Overview on Recent Developments". Tecnologia Alimentar e Biotecnologia, 44 (2).

Smith, W.K. (1958b). Exame cromatográfico dos produtos da digestão de material péctico por soluções de cultura de agentes patogénicos de plantas e outras bactérias. J.gen. Microbiol. 18:42-48.

Smith, W.K. 1958a. A survey of the production of pectic enzymes by plant pathogenic and other bacterial. J. Gen. Microbiol. 18:33-41.

Soares, M. M. C. N., da Silva, R., Carmona, E. C e Gomes, E. (2001).

Produção de enzimas pectinolíticas por espécies de Bacillus e sua potencial aplicação na extração de sumos. J Microbiol Biotechnol 17:79-82.

Souza, P. M. D. (2010). "Aplicação de α-amilase microbiana na indústria - uma revisão", Revista Brasileira de Microbiologia, 41 (4), 850-861.

Sreenath, H. K., Shah, A. B., Yang, V. W., Gharia, M. M. e Jeffries, T. W.

(1996). "Enzymatic polishing of jute/cotton blended fabrics," Journal of Fermentation and Bioengineering, vol. 81, no. 1, pp. 18-20.

Sreenath, H. K., Sudarshanakrishna, K. R. e Santhanam, K. (1994).

Melhoria da recuperação de sumo de polpa/resíduos de ananás utilizando celulases e pectinases. J Ferment Bioeng 78:486-488.

Starr, M. P. e NAsuno, S. 1967. Pectolytic activity of phytopathogenic *Xanthomonads.* J. Gen. Microbiol. 46:425-434.

Steiner J, Socha C., Eyzagiurre J. 1994. Condições de cultura para uma melhor produção de celulose por uma estirpe nativa de *Penicillium purpurogenum.* World J. Microbiol. Biotechnol., 10: 280-284.

Stewrt, J. C. e Parry, J. P. 1981. Factores que influenciam a produção de celulose por Aspergillus fumigatus (Fersenuus). J. Gen. Microbiol. 125:33-39.

Sukumaran, R. K., Singhania, R. R. e Pandey, A. (2005). "Microbial cellulases-production, applications and challenges," Journal of Scientific and Industrial Research, vol. 64, no. 11, pp. 832-844.

Sun, Y. e Cheng, J. (2003). "Hydrolysis of lignocellulosic materials for ethanol production: a review," Bioresource Technology, vol. 83, no. 1, pp. 1-11.

Swain, M. R. e Ray, R. C. (2010). Produção, caraterização e aplicação de uma exopoligalacturonase termoestável por Bacilus subtilis CM5. Food Biotechnol 24:37-50.

Taniguchi, M., Suzuki, H., Watanabe, B., Sakai, K., Hoshino, K. e Tanaka, K. (2005). "Avaliação do pré-tratamento com Pleurotus ostreatus para hidrólise enzimática da palha de arroz", Journal of Bioscience and Bioengineering, vol. 100, n.º 6, pp. 637-643.

Taskin, M. (2013). Coprodução de tanase e pectinase por células livres e imobilizadas da levedura rhodotorula glutinis MP-10 isolada de frutos de caqui ricos em tanino (Diospyros kaki L.). Bioprocess Biosyst Eng 36:165-172.

Tejada, M., Gonzalez, J. L., Garc'ıa-Mart'ınez, A. M. e Parrado, J. (2008). "Application of a green manure and green manure composted with beet vinasse on soil restoration: effects on soil properties," Bioresource Technology, vol. 99, no. 11, pp. 4949-4957.

Tiwari, V. N., Pathak, A. N. e Lehri, L. K. (1987). "Effect of plant waste incorporation by different methods under uninoculated and inoculated conditions on wheat crops," Biological Wastes, vol. 21, no. 4, pp. 267-273.

Tochi, B. N., Wang, Z., Xu, S. Y. e Zhang, W. (2009). A influência de preparações enzimáticas de pectinase e pectinase/hemicelulases na percentagem de recuperação de sumo de ananás, partículas e atributos sensoriais. Pak J Nutrition 8:1184-1189.

Toyama, N. (1969). Celulases e suas aplicações. In: Avanços em Química Series. (R. F. Gould, ed.). American Chemical Society Publications, Washigoton, D.C. 95:101-359.

Tu, M., Chandra, R. P. e Saddler, J. N. (2007). "Avaliando a distribuição de celulases e a reciclagem de celulases livres durante a hidrólise de substratos lignocelulósicos", Biotechnology Progress, vol. 23, n.º 2, pp. 398-406.

Tzanov, T., Calafell, M., Guenitz, G. M. e Cavaco, P. A (2001). Biopreparação de tecidos de algodão. Enzyme Microb Technol 29:357-362

Uhlig, H. (1998). Industrial Enzymes and Their Applications, John Wiley & Sons, Nova Iorque, NY, EUA.

Vasanthi, M. (2012). Otimização da produção da enzima pectinase utilizando casca de laranja azeda como substrato em fermentação em estado sólido. Asian J Biochem Pharm Res 2(1):16-26

Versari, A., Biesenbruch, S., Barbanti, D., Farnell, P. J. e Galassi, S. (1998). Efeitos de enzimas pectolíticas em compostos fenólicos selecionados em sumos de morango e framboesa. Food Res Int 30:811-817

Vigneswaran, C., Anbumani, N., Ananthasurbramanian, M. e Rajendran, R. (2012). Previsão e otimização do processo de reação pectinolítica em tecidos de algodão orgânico para bioscouring com pectinase alcalina. Jornal Indiano de Pesquisa de Texto em Fibra 37:183-190

Viikari, L., Tenkanen, M. e Suurnakki, A. (2001). Biotecnologia na indústria da pasta e do papel. In: Rehm HJ (ed) Biotechnology. Wiley, Hoboken, pp 523-546

Wang, Q., Fan, X., Hua, Z., Gao, W. e Chen, J. (2007). Influência do tratamento enzimático combinado na lavagem de um banho de tecidos de malha de algodão. Biocat Biotransf 25:9-15

Wood, T. M., McCrae, S. I. Wilson, C. A. Bahl. K. M. e Gow, L. A. (1988). In Biochemistry and Genetics of Cellulose degradation. (Auberts, P., Beguin, J. e Millet. Eds.). Imprensa académica, Orlando. FL. Pp31.

Wyman, S. E., Dale, B. E., Elander, R. T., Holtzapple, M., Ladisch, M. R. e Lee, Y. Y. (2005). "Coordinated development of leading biomass pretreatment technologies," Bioresource Technology, vol. 96, no. 18, pp. 1959-1966.

Xu, Q. H., Wang, Y. P., Qin, M. H., Fu, Y. J., Li, Z. Q., Zhang, F. S. e Li, J. H. (2011). Caracterização da superfície da fibra de polpa de papel nova e antiga destintada pela combinação de hemicelulase com sistema mediado por lacase. Bioresour Technol 102:6536-6540

Xu, Q., Fu, Y., Gao, Y. e Qin, M. (2009). Desempenho e eficiência da destintagem de jornais velhos através da combinação de celulase/hemicelulase com o sistema de ácido lacase-violúrico. Gestão de Resíduos 29:1486-1490

Yadav, S., Yadav, P. K., Yadav, D. e Yadav, K. D. S. (2009). Purificação e caraterização da pectina liase produzida por Aspergillus terricola e a sua aplicação na retração de fibras naturais. Appl Biochem Biotechnol 159:270-283

Yang, B. e Wyman, C. E. (2004). "Effect of xylan and lignin removal by batch and flowthrough prereatment on the enzymatic digestibility of corn stover cellulose," Biotechnology and Bioengineering, vol. 86, no. 1, pp. 88-95.

Yang, B. e Wyman, C. E. (2004). "Effect of xylan and lignin removal by batch and flowthrough prereatment on the enzymatic digestibility of corn stover cellulose," Biotechnology and Bioengineering, vol. 86, no. 1, pp. 88-95.

Yang, B. e Wyman, C. E. (2006). "BSA treatment to enhance enzymatic hydrolysis of cellulose in lignin containing substrates", Biotechnology and Bioengineering, vol. 94, no. 4, pp. 611-617.

Yasin, B. F. A. e Sukan, S. S. 1986. Produção de células únicas a partir de resíduos de citrinos utilizando inóculos de culturas mistas constituídas. Pro. Biochem. 21:50-53.

Youn, K. S., Hong, J. H., Bae, D. H., Kim, S. J. e Kim, S. D. (2004). "Effective clarifying process of reconstituted apple juice using membrane filtration with filter-aid prereatment," Journal of Membrane Science, vol. 228, no. 2, pp. 179186.

Zeffere, E. e Hall, P. L. 1973. Enzymes 2nd edn. Longman Group Limited.

Londres. Pp67-118.

Zeikus, J. G. (1983). Comunicação metabólica entre populações biodegradativas na natureza. Simpósio da Sociedade Gen. Microbiol. 8:423-426.

Zheng, L., Du, Y. e Zhang, J. (2001). Degomagem de fibras de rami por bactérias alcalofílicas e suas enzimas degradadoras de polissacarídeos. Bioresour Technol 78: 89-94

MIX
Papier aus verantwortungsvollen Quellen
Paper from responsible sources
FSC® C105338

Printed by Books on Demand GmbH, Norderstedt / Germany